高等职业教育移动互联应用技术专业教材

JavaScript 与 jQuery 项目化教程 活页式

主　编　林　沣　蓝雪燕　宋家慧
副主编　韦　波　李　敏　刘春霞　邓谞婵

中国水利水电出版社
www.waterpub.com.cn
·北京·

内 容 提 要

本书是 Web 前端开发的基础教材，以通俗易懂的语言和丰富实用的项目案例，深入浅出地讲解 JavaScript 与 jQuery 的开发技术。本书为校企合作开发教材，由广西机电职业技术学院与东软教育科技集团共同编写，为广西"双高"专业建设——焊接自动化专业群建设成果之一。

全书共 10 个项目：项目 1 讲解了 JavaScript 的基本知识；项目 2 讲解了 JavaScript 的基础语法；项目 3 讲解了 JavaScript 函数的相关内容；项目 4 讲解了 JavaScript 对象的相关内容；项目 5、项目 6 讲解了 JavaScript 的 DOM 操作；项目 7 讲解了 JavaScript 的 BOM 操作；项目 8 讲解了 jQuery 的基础知识；项目 9 讲解了 jQuery 的 DOM 操作；项目 10 讲解了 jQuery 中事件与动画的相关内容。

本书既可以作为高等职业院校计算机相关专业的 Web 前端开发基础教材，也可以作为广大 IT 技术人员和编程爱好者的读物。

本书配有电子课件，读者可以从中国水利水电出版社网站（www.waterpub.com.cn）或万水书苑网站（www.wsbookshow.com）免费下载。

图书在版编目（CIP）数据

JavaScript与jQuery项目化教程：活页式 / 林沣，蓝雪燕，宋家慧主编. -- 北京：中国水利水电出版社，2022.12
高等职业教育移动互联应用技术专业教材
ISBN 978-7-5226-1345-1

Ⅰ. ①J… Ⅱ. ①林… ②蓝… ③宋… Ⅲ. ①JAVA语言－程序设计－高等职业教育－教材 Ⅳ. ①TP312.8

中国国家版本馆CIP数据核字(2023)第004868号

策划编辑：周益丹　责任编辑：王玉梅　加工编辑：白绍昀　封面设计：梁　燕

书　　名	高等职业教育移动互联应用技术专业教材 JavaScript 与 jQuery 项目化教程（活页式） JavaScript YU jQuery XIANGMUHUA JIAOCHENG（HUOYESHI）
作　　者	主　编　林　沣　蓝雪燕　宋家慧 副主编　韦　波　李　敏　刘春霞　邓谞婵
出版发行	中国水利水电出版社 （北京市海淀区玉渊潭南路 1 号 D 座　100038） 网址：www.waterpub.com.cn E-mail: mchannel@263.net（答疑） 　　　　sales@mwr.gov.cn 电话：（010）68545888（营销中心）、82562819（组稿）
经　　售	北京科水图书销售有限公司 电话：（010）68545874、63202643 全国各地新华书店和相关出版物销售网点
排　　版	北京万水电子信息有限公司
印　　刷	三河市德贤弘印务有限公司
规　　格	184mm×260mm　16 开本　16 印张　369 千字
版　　次	2022 年 12 月第 1 版　2022 年 12 月第 1 次印刷
印　　数	0001—3000 册
定　　价	62.00 元

凡购买我社图书，如有缺页、倒页、脱页的，本社营销中心负责调换

版权所有·侵权必究

前　　言

在信息技术迅猛发展的背景下，产生了对 Web 应用的大量需求，而良好的 Web 前端交互设计在吸引用户方面起着至关重要的作用。JavaScript 脚本语言是目前 Web 应用开发的主流脚本语言，由于其开源编辑的特性，目前几乎所有的主流浏览器都支持，且绝大部分的网站都采用了 JavaScript 脚本技术。随着 JavaScript 在 Web 应用开发领域的广泛使用，基于 JavaScript 的框架和插件也层出不穷。其中 jQuery 就是 JavaScript 框架中的优秀代表，也是目前 Web 应用中使用范围最广泛的 JavaScript 函数库之一。它的出现让需要大量 JavaScript 代码才能完成的功能和特效，仅通过简单的语句就能轻松完成，实现了"写得少，做得多"的语法理念；同时，对操作 CSS、DOM、Ajax 等各种标准 Web 技术提供了许多实用且简便的方法，很好地解决了浏览器之间的兼容性问题。

本书采用"项目—任务—实训"的方式，从基础开始讲解 JavaScript 与 jQuery 技术，然后进行强化。全书以任务为驱动，内容循序渐进，案例丰富实用，既可作为 JavaScript 和 jQuery 初学者的入门教程，也可为具有一定 Web 前端基础的读者进一步学习提供参考。本书对"Web 前端工程师"所需技能进行了梳理，结合了常见的 Web 前端开发中所涉及的一些工作任务，以工作任务为核心重新选择和组织专业知识体系，按工作过程设计学习情景，强化 Web 前端工程师所需技能，提升动手能力，是一本应用当前流行的前端技术实现客户端交互效果的实用教程。本书具有以下特点：

（1）编排新颖。采用了新形态活页式教材的方式编写，突出了项目和任务，并在每个任务前加入任务实施单，对所完成的任务进行设计、分工、实施、评价，突出了对读者的工作能力的培养。

（2）能力培养。突出了对网页交互效果制作能力的培养，按照工学结合的编写思路，充分考虑学生的认知规律，化解知识难点。精心设计了 3 个教学环节：任务、课后练习和实训。让读者在实践中，学会应用所学知识解决实际问题。

（3）思政融合。在教学内容中融合了思政元素，从时政热点、家国情怀、个人理想等方面出发，将思政育人与教学相结合，将社会主义核心价值观、职业基本素养等融入课堂。

本书为校企合作开发教材，由广西机电职业技术学院与东软教育科技集团共同编写，是广西"双高"专业建设——焊接自动化专业群建设成果之一，作者团队高校教学经验丰富，具备"双师型"教师素质。本书由林沣、蓝雪燕、宋家慧任主编，韦波、李敏、刘春霞、邓谙婵任副主编。此外，韦善周、农丹华、梁瑾、盘晓莹、玉杨阳参与了教材的编写工作。人员分工如下：宋家慧编写了项目1，邓谙婵编写了项目2，刘春霞编写了项目3，蓝雪燕编写了项目4，韦善周编写了项目5，农丹华编写了项目6，梁瑾编写了项目7，盘晓莹编写了项目8，林沣编写了项目9和项目10，任务案例由李敏、韦波、宋家慧和林沣共同完成，"思政目标"部分由玉杨阳完成。

由于编者水平有限，书中难免存在疏漏之处，敬请各位专家和读者批评指正。

编 者

2022年8月

目 录

前言

项目 1 初识 JavaScript 001
  任务 1.1 JavaScript 入门 003
    1.1.1 JavaScript 的起源和发展 003
    1.1.2 JavaScript 的作用 004
    1.1.3 JavaScript 的组成 005
    1.1.4 JavaScript 的特点 006
  任务 1.2 JavaScript 的开发流程 008
    1.2.1 HBulider X 简介 008
    1.2.2 使用 HBuilder X 008
    1.2.3 JavaScript 的基本结构 011
    1.2.4 引入 JavaScript 脚本 011
  任务 1.3 运行和调试 JavaScript 脚本 ... 015
    1.3.1 运行 JavaScript 脚本 015
    1.3.2 调试 JavaScript 脚本 016
  任务 1.4 常用的输出语句和对话框 ... 019
    1.4.1 页面输出语句 019
    1.4.2 控制台输出语句 020
    1.4.3 警告对话框 020
    1.4.4 提示对话框 021
    1.4.5 消息对话框 022
  小结 023
  课后练习 023
  实训 1 输出页面元素和弹窗 026

项目 2 JavaScript 基础语法 027
  任务 2.1 变量 029
    2.1.1 标识符 029
    2.1.2 变量的使用 030
  任务 2.2 数据类型 032
  任务 2.3 运算符 035
  任务 2.4 数据类型的转换与获取 039
    2.4.1 数据的转换 039
    2.4.2 typeof 操作符 041
  任务 2.5 分支结构 043
    2.5.1 单分支语句 043

    2.5.2 双分支语句 043
    2.5.3 多分支语句 044
  任务 2.6 循环结构 049
    2.6.1 while 循环语句 049
    2.6.2 do...while 循环语句 050
    2.6.3 for 循环语句 050
    2.6.4 嵌套循环 051
  任务 2.7 跳转语句 054
    2.7.1 break 语句 054
    2.7.2 continue 语句 054
  小结 055
  课后练习 055
  实训 2 猜数字游戏 058

项目 3 JavaScript 函数 060
  任务 3.1 函数 062
    3.1.1 函数的声明 062
    3.1.2 函数的参数 062
    3.1.3 函数的调用 063
    3.1.4 函数的返回值 065
    3.1.5 变量的作用域 065
  任务 3.2 匿名函数 068
  任务 3.3 闭包函数 070
  小结 070
  课后练习 071
  实训 3 制作简易四则运算计算器 074

项目 4 JavaScript 对象 076
  任务 4.1 对象 078
    4.1.1 初识对象 078
    4.1.2 自定义对象的声明 078
    4.1.3 访问对象的属性和方法 079
  任务 4.2 内置对象 082
    4.2.1 Math 对象 082
    4.2.2 定时器 083

	4.2.3 Date 对象	084
	4.2.4 Array 对象	087
	4.2.5 String 对象	089
小结		091
课后练习		091
实训 4 轮播图和扶贫日活动倒计时的制作		094

项目 5 DOM 基础 ... 096

任务 5.1 DOM 简介 ... 098
- 5.1.1 DOM 的含义 ... 098
- 5.1.2 DOM 树 ... 098

任务 5.2 获取元素 ... 101
- 5.2.1 通过 Id 获取 ... 101
- 5.2.2 通过 TagName 获取 ... 102
- 5.2.3 通过 Name 获取 ... 103
- 5.2.4 通过 ClassName 获取 ... 104

任务 5.3 事件 ... 106
- 5.3.1 事件的分类 ... 106
- 5.3.2 事件的绑定方式 ... 107
- 5.3.3 事件的对象 ... 107

任务 5.4 操作元素 ... 110
- 5.4.1 获取和设置元素内容 ... 110
- 5.4.2 获取和设置元素属性 ... 112

小结 ... 113
课后练习 ... 113
实训 5 鼠标拖拽 div ... 116

项目 6 DOM 进阶操作 ... 118

任务 6.1 节点操作 ... 120
- 6.1.1 按层次关系访问节点 ... 120
- 6.1.2 创建和添加节点 ... 121
- 6.1.3 删除和复制节点 ... 123
- 6.1.4 替换节点 ... 124

任务 6.2 JavaScript 与 CSS 交互 ... 127
- 6.2.1 操作元素样式 ... 127
- 6.2.2 Tab 栏目切换 ... 128
- 6.2.3 鼠标指针进入缩略图切换大图 ... 130
- 6.2.4 首页滚动显示对联宣传图标 ... 131
- 6.2.5 图片放大特效 ... 133

小结 ... 136
课后练习 ... 137

实训 6 购物车操作 ... 140

项目 7 BOM ... 145

任务 7.1 BOM 概述 ... 147

任务 7.2 window 对象 ... 149
- 7.2.1 打开和关闭窗口 ... 150
- 7.2.2 操作窗口 ... 153

任务 7.3 location 对象、history 对象和 navigator 对象的使用 ... 157
- 7.3.1 location 对象 ... 157
- 7.3.2 history 对象 ... 158
- 7.3.3 navigator 对象 ... 160

小结 ... 161
课后练习 ... 162
实训 7 制作网站登录效果 ... 164

项目 8 jQuery 基础 ... 167

任务 8.1 初识 jQuery ... 169
- 8.1.1 jQuery 概述 ... 169
- 8.1.2 获取 jQuery ... 169
- 8.1.3 使用 jQuery ... 171

任务 8.2 jQuery 对象与选择器 ... 174
- 8.2.1 jQuery 对象 ... 174
- 8.2.2 基本选择器 ... 175
- 8.2.3 层级选择器 ... 178
- 8.2.4 筛选选择器 ... 180
- 8.2.5 表单选择器 ... 187

小结 ... 189
课后练习 ... 190
实训 8 畅销书简介 ... 193

项目 9 jQuery 的 DOM 操作 ... 196

任务 9.1 元素样式的操作 ... 198
- 9.1.1 css() 方法 ... 198
- 9.1.2 类样式方法 ... 198

任务 9.2 元素属性的操作 ... 202
- 9.2.1 prop() 方法 ... 202
- 9.2.2 attr() 方法 ... 202

任务 9.3 元素内容的操作 ... 209

任务 9.4 节点元素的操作 ... 213
- 9.4.1 遍历元素 ... 213
- 9.4.2 创建元素 ... 214

9.4.3 插入元素 215
9.4.4 移除元素 216
小结 218
课后练习 218
实训 9 购物车添加商品 222

项目 10 jQuery 的事件与动画 224
任务 10.1 jQuery 事件 226
10.1.1 事件绑定 226
10.1.2 事件解绑 229
10.1.3 事件对象 229

10.1.4 切换事件 232
任务 10.2 jQuery 动画 237
10.2.1 隐藏与显示动画 237
10.2.2 滑动动画 238
10.2.3 淡入淡出动画 240
小结 242
课后练习 243
实训 10 设计地址管理页面 246

参考文献 248

项目 1 初识 JavaScript

能力目标
- 了解 JavaScript 的起源与发展。
- 了解 JavaScript 的作用及特点。
- 了解 JavaScript 的组成结构。
- 掌握网页引入 JavaScript 脚本的方式。
- 掌握常用的三种输出语句的使用方法。

思政目标
- 引导学生正确认识中国特色和国际比较。
- 增强学生民族自豪感和文化自信。
- 厚植爱国主义情怀。

素质目标
- 培养独立思考能力。
- 培养举一反三的逻辑思维。
- 养成良好的学习习惯和勤奋学习的态度。

项目思维导图

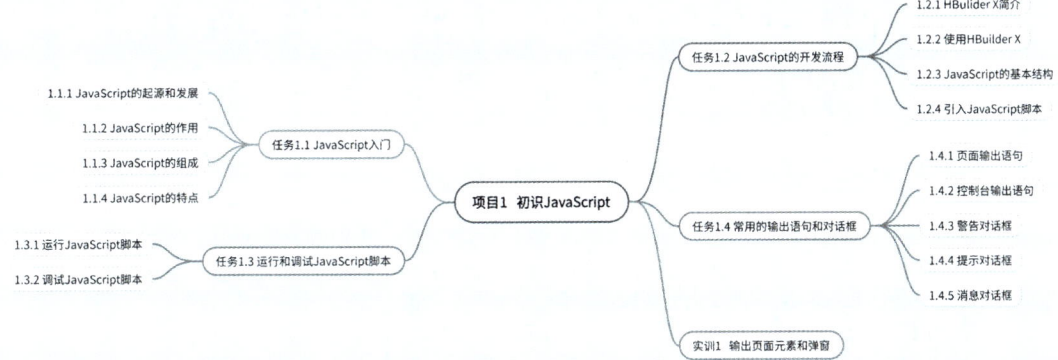

任务 1.1 实施情况表

任务名称	JavaScript 入门		任务难度	★☆☆☆☆
任务简介	了解 JavaScript 的发展、作用、组成与特点			
专　　业		班　级		组　长
组　　员		实施日期		年　月　日
任务要求	1. JavaScript 的作用是什么？ 2. JavaScript 的组成部分和特点是什么？			

观测点		等级				自评	互评	教师评
		A	B	C	D			
课堂表现	学习态度	课前充分预习、课中积极主动、具有探索意识，表现优秀	能完成课前预习、课中认真听课、理解知识点，表现良好	简单预习、课中偶尔开小差、知识点掌握一般，表现一般	没有预习、课中基本不听课，表现较差			
	回答问题	对问题的理解到位，能准确回答问题，并能做到举一反三	对问题的理解到位，基本上能回答正确	对问题理解一般，需要提示才能回答	不理解问题意思，无法回答问题			
知识掌握	JavaScript的使用范围与作用	能准确地理解和明白JavaScript的使用范围和作用	比较准确地理解JavaScript的使用范围和作用	对JavaScript的使用范围和作用不太理解	不理解JavaScript的使用范围和作用			
	JavaScript的组成部分和特点	能准确理解和明白JavaScript的组成部分和特点	比较准确地理解和明白JavaScript的组成部分和特点	对JavaScript的组成部分和特点不太理解	不理解JavaScript的组成部分和特点			

任务 1.1　JavaScript 入门

JavaScript（简称 JS）是一种高级的、解释型的编程语言，是一种基于对象（Object）和事件驱动（Event Driven），具有相对安全性并广泛用于客户端网页开发的脚本语言，支持面向对象程序设计、指令式编程和函数式编程。它通过语法来操控文本、数组、日期及正则表达式等，不支持 I/O，比如网络、存储和图形等，但这些都可以由它的宿主环境提供支持。JavaScript 已由欧洲计算机制造商协会（ECMA）通过 ECMAScript 实现语言的标准化，被世界上的绝大多数网站所使用，也被主流的浏览器（Chrome、IE、Firefox、Safari、Opera）支持。

1.1.1　JavaScript 的起源和发展

1994 年，网景公司（Netscape）发布了 Navigator 浏览器 0.9 版。这是历史上第一个比较成熟的网络浏览器，曾轰动一时。但是这个版本的浏览器只能用来浏览，不具备与访问者互动的能力。此时的网景公司急需一种网页脚本语言，使浏览器可以与网页互动。

1995 年初，Sun 公司将 Oak 语言改名为 Java，正式向市场推出，并大肆宣传，许诺这种语言可以"一次编写，到处运行（Write once，Run anywhere）"。网景公司决定与 Sun 公司结成联盟，它不仅允许 Java 程序以小程序（APP）的形式直接在浏览器中运行；甚至还考虑直接将 Java 作为脚本语言嵌入网页，只是这样会使 HTML 网页过于复杂，后来才不得不放弃。

1995 年 4 月，网景公司录用了 34 岁的系统程序员布兰登·艾奇（Brendan Eich）。

1995 年 5 月，网景公司做出决策，未来的网页脚本语言必须看上去与 Java 足够相似，但是比 Java 简单，使得非专业的网页作者也能很快上手。这个决策实际上将 Perl、Python、Tcl、Scheme 等非面向对象编程的语言都排除在外了。布兰登·艾奇被指定为这种"简化版 Java 语言"的设计师，但是，他对 Java 一点兴趣也没有。为了应付公司安排的任务，他只用了 10 天时间就把 JavaScript 设计出来了，并最终在网景 Navigator 浏览器上成功运行。

1995 年 12 月，网景公司与 Sun 合作，网景公司管理层希望它外观看起来像 Java，因此改名为 JavaScript。

1996 年 8 月，在 JavaScript 1.1 版本发布时，微软公司也决定进军浏览器行业。微软公司在推出的 IE 3.0 上搭载了一个 JavaScript 的克隆版，并且命名为 JScript。

1997—1999 年，在 ECMA 的协调下，由网景公司、Sun、微软、Borland 组成的工作组确定统一标准——ECMAScript，基于已有的 JavaScript 和 JScript 提出了标准的 Script 语法规则，JavaScript 和 JScript 都遵循这套标准。

1999 年以后，ECMAScript 不断更新。截至 2012 年，所有浏览器都支持 ECMAScript 5.1 标准，旧版本的浏览器至少支持 ECMAScript 3 标准。2015 年 6 月 17

日，ECMA 国际组织发布了 ECMAScript 的第六版，该版本后的新版本按年命名，如 ECMAScript 2015，目前最新版本为 ECMAScript 2022。

1.1.2 JavaScript 的作用

JavaScript 最早是在 HTML 上用来给 HTML 网页添加动态功能的，由网景公司的 LiveScript 发展而来，是原型化继承的、面向对象的、动态类型的、区分大小写的客户端脚本语言，主要目的是解决服务器端语言遗留的速度问题，以及响应用户的各种操作，为客户提供更流畅的浏览效果。因为当时的服务端需要对数据进行验证，网络速度相当缓慢，只有 28.8kb/s，因此验证步骤浪费的时间太多。于是网景公司的浏览器 Navigator 加入了 JavaScript，它提供了数据验证的基本功能。现在 JavaScript 也可被用于网络服务器，如 Node.js。

JavaScript 的主要作用有以下几点。

1. 给 HTML 网页添加动态效果

在 JavaScript 中，可以编写响应鼠标进入、退出等事件的代码，创建动态网页特效，获取页面元素从而高效地控制页面的内容，如轮播图、切换效果等，如图 1-1 所示。在有限的页面空间中展现更多的内容，以此来增加用户的体验，增强网站的动感，吸引更多的浏览用户。

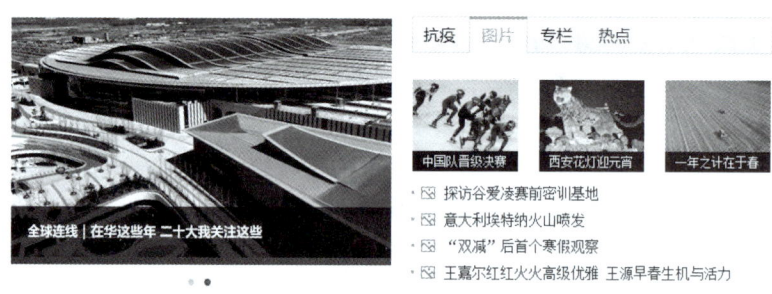

图 1-1 轮播图与菜单 Tab 切换

2. 数据验证服务

在网站中填写注册信息时，如果某项信息格式有错误（如邮箱格式不正确），表单页面能及时给出错误提示，如图 1-2 所示。这些错误在提交到服务器之前就由客户端进行验证，可以为网站服务器端减轻压力。

3. 与后端数据进行交互

JavaScript 可以根据后端提供的各种数据接口，把数据渲染到网页相应的位置中。浏览器显示的网页即为 Web 前端界面，提供用户与网站进行交互的各种数据接口，而 Web 后端服务主要指在服务器中执行的逻辑运算和数据处理，它为前端提供访问服务。前端代码在用户面前被执行，后端代码在遥远的服务器上被执行。但是，无论前端或后端代码，都是存放在服务器上的。例如：Ajax 数据交互，Ajax 即异步 JavaScript 和 XML，是一种创建交互式网页的技术，可以在不重新加载整个网页的情况下更新部分网页，如图 1-3 所示。

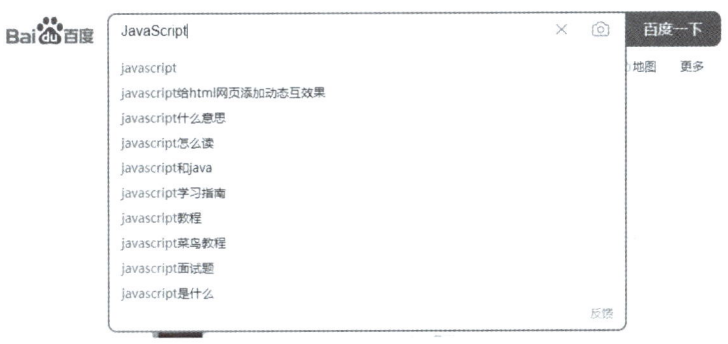

图1-2　京东注册验证

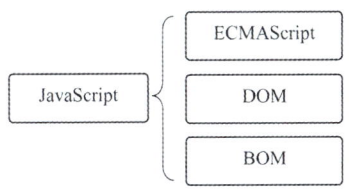

图1-3　百度搜索

1.1.3　JavaScript 的组成

一个完整的 JavaScript 应由三个部分组成，如图 1-4 所示。

图1-4　JavaScript 的组成结构

1. ECMAScript（核心）

ECMAScript 是 JavaScript 的核心部分。由 ECMA-262 定义的 ECMAScript 是一种国际认可的标准的脚本语言规范，与 Web 浏览器没有依赖关系。ECMA-262 标准主要规定了这门语言有以下 6 个组成部分：语法、变量和数据类型、关键字和保留字、操作符、控制语句、对象。

ECMAScript 定义了脚本语言的所有属性、方法和对象，用 Web 客户端脚本编码时一定要遵循 ECMAScript 标准，其特性一直在不断地升级改进。2009 年 ECMAScript 5.0 版正式发布。在很长一段时间内，JavaScript 都是按照 5.0 的标准，直至 2015 年 ECMAScript 6 发布正式版本，官方将其称为 ECMAScript 2015，这个版本是有史以来最重要的升级，特性涵盖范围更广。

2. DOM

DOM（Document Object Model，文档对象模型）是 HTML 和 XML 的应用程序接口（API）。DOM 将把整个页面规划成由节点层级构成的文档。HTML 或 XML 页面中的每个组成部分都是某种类型的节点，这些节点又包含着不同类型的数据。

3. BOM

从 IE 3.0 和 Netscape Navigator 3.0 发布开始，浏览器都提供了 BOM（Browser Object Model，浏览器对象模型）特性，它可以对浏览器窗口进行访问和操作。使用 BOM，开发者可以移动浏览器窗口、改变状态栏中的文本以及执行其他与页面内容不直接相关的操作。

1.1.4 JavaScript 的特点

（1）用于解释性执行的脚本语言。与其他脚本语言一样，JavaScript 也是一种解释性语言，它提供了非常方便的开发过程。JavaScript 的基本语法结构与 C、C++、Java 非常相似，但是无需专门的编译器进行编译，而是在 HTML 文档被浏览器载入时逐行解释。

（2）基于对象的脚本语言。JavaScript 是一种基于对象的语言，能运用自己已经创建的对象，许多功能可以来自脚本环境中对象的方法与脚本的相互作用。

（3）一种弱类型脚本语言。其简单性主要体现在：JavaScript 是一种基于 Java 基本语句和控制流之上的简单而紧凑的设计，对于使用者学习 Java 编程语言是一种非常好的过渡；其变量类型采用弱类型，不使用严格的数据类型来定义变量。

（4）相对安全的脚本语言。JavaScript 不能直接访问本地硬盘，也不能将数据存储到服务器中，不允许修改和删除网络文档，只能浏览信息或通过浏览器进行动态交互。它可以有效地防止数据丢失或非法访问系统。

（5）事件驱动的脚本语言。JavaScript 以事件驱动的方式响应用户。通过在网页中执行操作而响应的效果称为事件。例如，单击鼠标、移动窗口、选择菜单等都可以视为事件。当一个事件发生时，它可能会引起相应的事件响应并执行相应的脚本，这种机制称为"事件驱动"。

（6）跨平台的脚本语言。JavaScript 依赖于浏览器本身，与操作环境无关。只要计算机能运行支持 JavaScript 的浏览器，就可以正确执行，实现"一次编写，多次执行"。

任务 1.2 实施情况表

任务名称	JavaScript 的开发流程		任务难度	★☆☆☆☆
任务简介	安装 HBuilder X，使用 HBuilder X 创建一个 HTML 页面；熟练使用三种方法引入 JavaScript 脚本			
专 业		班 级		组 长	
组 员		实施日期		年 月 日	
任务要求	创建一个网页，然后完成以下操作： 1. 通过嵌入式引入 JavaScript 脚本并运行。 2. 通过外链式引入 JavaScript 脚本并运行。 3. 通过行内式引入 JavaScript 脚本并运行				

观测点		等级				自评	互评	教师评
		A	B	C	D			
课堂表现	学习态度	课前充分预习、课中积极主动、具有探索意识，表现优秀	能完成课前预习、课中认真听课、理解知识点，表现良好	简单预习、课中偶尔开小差、知识点掌握一般，表现一般	没有预习、课中基本不听课，表现较差			
	回答问题	对问题的理解到位，能准确回答问题，并能做到举一反三	对问题的理解到位，基本上能回答正确	对问题理解一般，需要提示才能回答	不理解问题意思，无法回答问题			
知识掌握	嵌入式引入 JavaScript 脚本	能熟练在 HTML 页面插入 <script> 标签，能准确输入脚本代码，理解代码的意思	能按要求在 HTML 页面插入 <script> 标签，输入脚本代码，但对代码不太理解	基本能按要求在 HTML 页面插入 <script> 标签，输入脚本代码，但不理解代码	未能按要求完成操作			
	外链式引入 JavaScript 脚本	能熟练创建 js 文件，输入脚本代码，引入 HTML 页面，理解代码的意思	能按要求创建 js 文件，输入脚本代码，引入 HTML 页面，但不太理解代码的意思	基本能按要求创建 js 文件，输入脚本代码，引入 HTML 页面，但不理解代码的意思	未能按要求完成操作			
	行内式引入 JavaScript 脚本	能熟练在页面元素属性中插入 js 脚本，输入脚本代码，并理解代码的意思	能按要求在页面元素属性中插入 js 脚本，输入脚本代码，但不太理解代码的意思	基本能按要求在页面元素属性中插入 js 脚本，输入脚本代码，不理解代码的意思	未能按要求完成操作			

任务 1.2　JavaScript 的开发流程

"工欲善其事，必先利其器。"选择适合自己的集成开发环境（Integrated Development Environment，IDE）是至关重要的，专业的前端开发工具有 HBuilder X、Sublime Text、WebStorm、Dreamweaver 等，如图 1-5 所示。这些工具内部均集成了 JavaScript 脚本的开发环境，具备良好的代码提示和补全功能，使用起来简单、方便。本书的案例将采用 HBuilder X 实现。

图 1-5　前端开发工具

1.2.1　HBulider X 简介

1. HBulider X 概述

HBuilder X 是国内最大的无线中间件厂商、移动办公解决方案供应商和国内最主要的无线城市解决方案供应商 DCloud（数字天堂）推出的一款支持 HTML5 的 Web 开发 IDE。"快"是 HBuilder X 的最大优势，通过完整的语法提示、代码输入法和代码块等，大幅提升 HTML、JavaScript、CSS 的开发效率。

2. 下载 HBuilder X

HBuilder X 下载地址：https://www.dcloud.io/hbuilderx.html。

HBuilder X 目前有两个版本：一个是 Windows 版，另一个是 MacOS 版。下载的时候根据自己的计算机选择适合的版本。

3. 安装 HBuilder X

HBuilder X 下载后是一个压缩文件（HBuilderX.3.3.11.20220209.zip），解压 zip 文件到指定目录，运行安装文件下的 HBuilderX.exe，如图 1-6 所示。

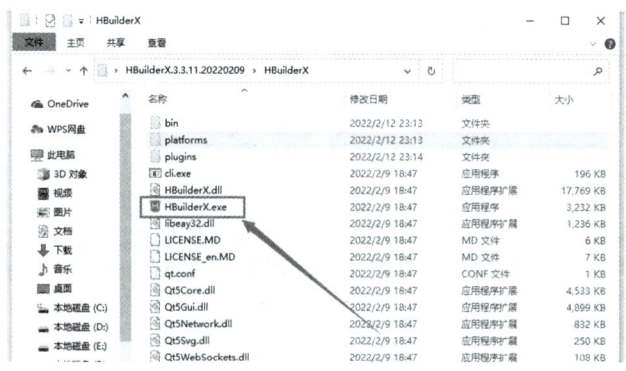

图 1-6　运行 HBuilder X

1.2.2　使用 HBuilder X

首次启动 HBuilder X 会打开"选择你喜欢的主题"界面，您可以在此选择喜欢的主题和快捷键方案，如图 1-7 所示。单击"开始体验"按钮，会看到一个"HBuilder X

自述"文件,在其中简单介绍了 HBuilder X 的特性,单击标签卡上的"关闭"按钮关闭此文件。

图 1-7　HBuilder X 首次启动界面

(1)用户界面。与许多其他代码编辑器一样,HBuilder X 采用通用的用户界面和布局,左侧为资源管理器,而中间的编辑器则显示已打开文件的内容,如图 1-8 所示。

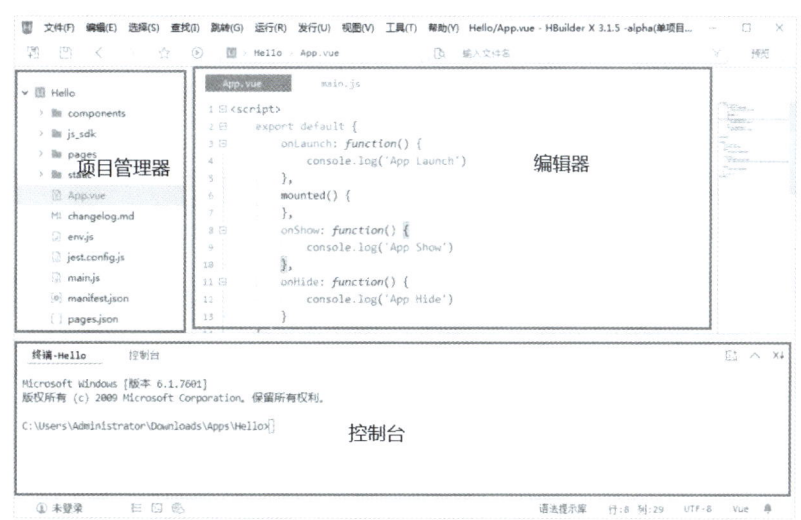

图 1-8　HBuilder X 用户界面

- 编辑器:编辑文件的主要区域。可以在垂直和水平方向上并排打开任意数量的编辑器。
- 项目管理器:包含诸如资源管理器之类的不同视图,可在处理项目时提供帮助。
- 控制台:可以在编辑器区域下方显示不同的面板,以获取输出或调试信息(错误和警告或集成终端）。面板也可以向右移动以获得更多垂直空间。

每次启动 HBuilder X 时，它的打开状态与上次关闭时的状态相同。

（2）创建文件。HBuilder X 支持多种项目类型，主要有 Web 项目、5+App 项目、uni-app 项目、wap2app、HBuilder X 扩展插件等。

【实例 1-1】创建内嵌 JavaScript 代码的 html 页面。

本例以创建 html 文件为例，选择"文件"→"新建"选项，在弹出的级联菜单中选择"html 文件"选项，弹出"新建 html 文件"对话框，将"文件名称"中的 new_file.html 修改为 example1-1.html，同时选择所要保存文件的路径和默认模板，单击"创建"按钮。本例将案例保存到"unit1/ 实例 1-1"目录下，如图 1-9 所示。

图 1-9　新建 html 文件

（3）编写代码。创建完成之后，HBuilder X 会自动将模板代码配置好，用户可以直接在编辑器中进行代码编写。另外，HBuilder X 代码的提示系统很庞大，支持多种语法提示模型。例如，在 html 页面中插入标签，只要输入标签名的部分字母，会在悬停窗格弹出相应的提示，如图 1-10 所示。

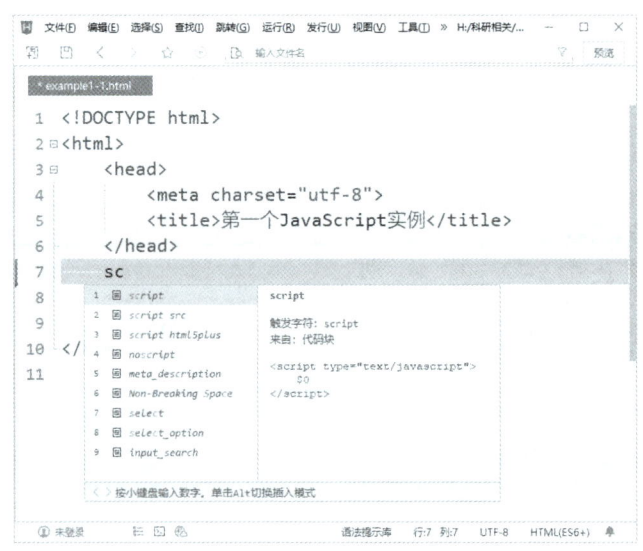

图 1-10　代码提示

1.2.3　JavaScript 的基本结构

通常，把 JavaScript 脚本应用到网页中是非常容易的，只需要将 JavaScript 代码都封装在 <script> 标签对中。浏览器遇到 <script> 时，将逐行读取内容，直到遇到 </script> 结束标签为止，其基本结构如下：

```
<script type="text/javascript">
    JavaScript 语句    // 注释
</script>
```

1. 标签对

<script>...</script> 标签对将 JavaScript 脚本代码进行封装，同时告诉浏览器标签对内的代码为 JavaScript；type 属性制定插入的脚本代码类型，因为默认的 type 就是 JavaScript，也可以不必显式地把 type 指定为 JavaScript。

2. 语句

在 <script>...</script> 标签内的就是 JavaScript 程序的执行语句，单位为行（line），代码是逐行执行。一般情况下，每一行就是一个语句。语句（statement）是为了完成某种任务而进行的操作，例如输出语句：

```
alert("Hello JavaScript!");
```

语句以分号结尾，JavaScript 并不强制要求在每个语句的结尾加分号，浏览器中负责执行 JavaScript 代码的引擎会自动在每个语句的结尾补上分号。JavaScript 引擎自动加的分号在某些情况下会改变程序的语义，导致运行结果与期望不一致，此外多个语句可以写在一行内。分号前面可以没有任何内容，JavaScript 将其视为空语句。

3. 注释

注释的作用是对代码进行解释，是给开发人员看的，JavaScript 引擎会自动忽略。JavaScript 提供两种注释的写法：一种是单行注释，用 // 标识；另一种是多行注释，放在 /* 和 */ 之间，例如：

```
// 这是单行注释
/*
    这是
    多行
    注释
*/
```

1.2.4　引入 JavaScript 脚本

JavaScript 脚本代码可以分别通过三种方式引入网页：内嵌式、外链式和行内式。

1. 内嵌式

内嵌式是将 JavaScript 代码嵌入 html 文档中最常用的方法。JavaScript 代码可以嵌在网页的任何地方，不过通常我们都把 JavaScript 代码放到 <head> 标签中，根据上文建立的 example1-1.html 文件，在 HTML 代码中使用内嵌式引入 JavaScript 脚本的代码：

```
1  <!DOCTYPE html>
2  <html>
3    <head>
4      <meta charset="utf-8">
5      <title> 第一个 JavaScript 实例 </title>
6      <script type="text/javascript">
7        alert("Hello JavaScript!"); // 在页面中输出一个警告框，并显示 Hello JavaScript!
8      </script>
9    </head>
10   <body>
11   </body>
12 </html>
```

2. 外链式

外链式引入需要新建一个外部文件（带有 .js 扩展名），使用 HTML 的 <script> 标签并通过 src 属性指定文件的位置来引入到网页中。当你需要将代码重复使用在其他页面时，保持 JavaScript 在一个单独的文件中可以减少代码的重复。另外它也可以让浏览器将文件缓存到客户端的计算机上，减少网页加载时间。

【实例 1-2】利用外链式引入 JavaScript 脚本。

（1）参照 1.2.2 节 "（2）创建文件" 的步骤，创建名为 example1-2.html 的 html 文件，保存在 "unit1\ 实例 1-2" 文件夹内。

（2）新建文件。选择 "文件"→"新建"→"js 文件" 选项，在 html 页面同路径下创建一个 example1-2.js 文件。

（3）在 example1-2.js 中输入如下代码：

```
alert("Hello JavaScript!");      // 独立的 js 文件不需要写 <script> 标签，只需要写运行的代码
```

注意：在独立的 js 文件中不需要包含 <script> 标签，并且最好把 js 文件放到网站项目的脚本文件目录中，这样更利于对网站的维护。

（4）在 example1-2.html 中输入如下代码：

```
1  <!DOCTYPE html>
2  <html>
3    <head>
4      <meta charset="utf-8">
5      <title> 第二个 JavaScript 实例 </title>
6      <script type="text/javascript" src="example1-2.js"></script>
7    </head>
8    <body>
9    </body>
10 </html>
```

<script> 标签中的 src 属性表示指定外部 JavaScript 文件的路径，一般采用相对路径，本例中的 example1-2.js 就是与 html 页面同一路径下的外部 JavaScript 文件。也可以在同一个页面中引入多个 .js 文件，还可以在页面中多次编写 <script> js 代码 ... </script>，浏览器按照顺序依次执行。

注意：在前两种方式中，代码的位置是重要的，并且需要根据情况而改变。如果

添加的 JavaScript 脚本代码不访问页面元素，那么可以把脚本放在 html 文档的 <head> 标签前。但如果脚本需要与 html 页面上的元素进行交互，就必须确保在执行代码时这些元素已经存在，也就是把代码放在 <body> 标签之后。

3. 行内式

行内式与 css 行内式类似，就是在标签内部定义，这种引入方式主要用于简单事件处理。

【实例 1-3】利用行内式引入 JavaScript 脚本。

参照 1.2.2 节中"（2）创建文件"的步骤，创建名为 example1-3.html 的 html 文件保存在"unit1\ 实例 1-3"文件夹内，并输入如下代码：

```
1  <!DOCTYPE html>
2  <html>
3   <head>
4    <meta charset="utf-8">
5    <title> 第三个 JavaScript 实例 </title>
6   </head>
7   <body>
8    <a href="javascript:alert( 'Hello JavaScript!' );"> 点击超链接弹出内容 </a>
9    <button onclick="alert( 'Hello JavaScript!' );"> 点击按钮弹出内容 </button>
10  </body>
11 </html>
```

任务 1.3 实施情况表

任务名称	运行和调试 JavaScript 脚本		任务难度	★★☆☆☆		
任务简介	熟练通过 HBuilder X 在 Chrome 浏览器中运行脚本页面,利用"开发者工具"查看脚本错误,定位到错误位置并解决					
专　　业		班　　级		组　　长		
组　　员		实施日期		年　　月　　日		
任务要求	1. 运行任务 1.2 中编辑好的脚本。 2. 同组成员设置脚本错误点,利用"开发者工具"对页面脚本进行检查,并定位到错误位置修改代码					

观测点		等级				自评	互评	教师评
		A	B	C	D			
课堂表现	学习态度	课前充分预习、课中积极主动、具有探索意识,表现优秀	能完成课前预习、课中认真听课、理解知识点,表现良好	简单预习、课中偶尔开小差、知识点掌握一般,表现一般	没有预习、课中基本不听课,表现较差			
	回答问题	对问题的理解到位,能准确回答问题,并能做到举一反三	对问题的理解到位,基本上能回答正确	对问题理解一般,需要提示才能回答	不理解问题意思,无法回答问题			
知识掌握	运行 JavaScript 脚本	能在 HBuilder X 中快速找到运行 HTML 页面的按钮或选项,运行查看页面效果	能在 HBuilder X 中找到运行 HTML 页面的按钮或选项,运行查看页面效果	能通过他人指导在 HBuilder X 中找到运行 HTML 页面的按钮或选项,运行查看页面效果	未能按要求完成操作			
	调试 JavaScript 脚本	由其他组员同学设置错误点,自己能通过"开发者工具"定位到错误点,并解决错误	能按要求创建 js 文件,并引入 HTML 页面,能正常运行脚本代码,但不太理解代码	基本能按要求创建 js 文件,并引入 HTML 页面,能正常运行脚本代码,不理解代码	未能按要求完成操作			

任务 1.3　运行和调试 JavaScript 脚本

JavaScript 脚本是嵌入在网页中的，一般在浏览器中运行，但是需要注意的是不同的浏览器运行的效果会有所不同。如果页面运行后没有出现相应的效果，可以按 F12 键调出浏览器的"开发者工具"，对页面代码进行检查。

1.3.1　运行 JavaScript 脚本

通常，已经引入 html 的 JavaScript 脚本，只要直接在浏览器中运行 html 文档就可以看到效果了。但由于浏览器的安全限制，以 file:// 开头的地址无法执行部分 JavaScript 代码（如联网等）。如果要使用联网的方式进行调试，还是需要架设一个 Web 服务器，然后以 http:// 开头的地址来正常执行所有 JavaScript 代码。不过，初学阶段暂时不需要搭建服务器，HBulider X 提供了直接运行的功能。

（1）打开 1.2.4 节中的第一个实例，在 HBulider X 中选择"运行"→"运行到浏览器"→ Chrome 选项，如图 1-11 所示。

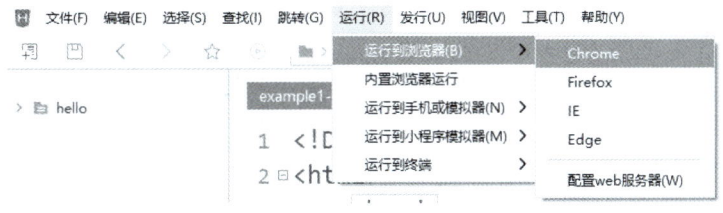

图 1-11　HBulider X 运行 html 文档

注意：独立的 js 文件不能直接在浏览器上解释，只能将 js 文件引入 html 文件后，在浏览器运行 html 文件，并查看运行效果。

（2）系统自动打开 Chrome 浏览器并运行程序，将弹出一个对话框显示"Hello JavaScript!"，如图 1-12 所示。也可以尝试修改输出的内容，再重新运行。

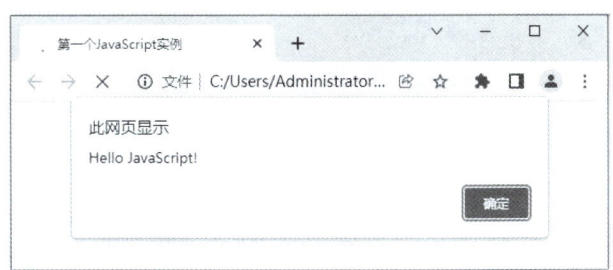

图 1-12　Chrome 浏览器中的运行效果

需要注意的是，不同浏览器弹出的警告对话框外观是不一样的，在 Firefox 浏览器中的运行效果如图 1-13 所示，在 IE 浏览器中的运行效果如图 1-14 所示，本书主要选用 Chrome 浏览器进行调试。

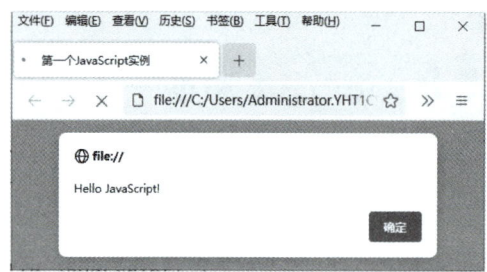
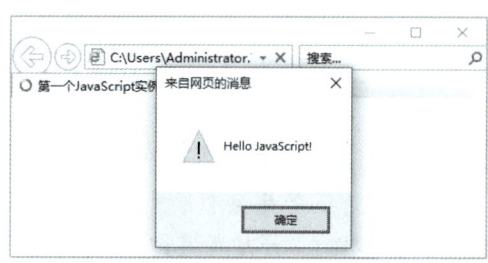

图 1-13　在 Firefox 浏览器中的运行效果　　　　图 1-14　在 IE 浏览器中的运行效果

1.3.2　调试 JavaScript 脚本

在浏览器中运行带有 JavaScript 功能的页面时，有时页面却没有什么变化，那么到底是哪里出现了问题呢？这对程序员来说是比较常见的情况，因此，检查出到底是哪一句代码出现了问题是编程必备技能之一。

大多数浏览器都被设置为忽略 JavaScript 错误，因此，通常不会看到直接弹出来的错误提示，只是你所编写的脚本不会运行而已。那么，该如何调试 JavaScript 代码？在 JavaScript 中，追踪错误的方式有很多种，但是最基本的方法还是依靠浏览器。大多数浏览器都能发现 JavaScript 错误，并且在一个叫作控制台（Console）的单独窗口中保存它们的记录。当你载入包含错误的 Web 页面的时候，可以查看控制台来获得有关错误的帮助信息，如错误发生在页面的哪一行以及对错误的描述。

【实例 1-4】利用开发者工具定位到错误位置并修改代码。

（1）在浏览器中运行 example1-4.html，该文件的功能和实例 1-1 一样，弹出对话框显示 Hello JavaScript，但运行后页面没有任何显示。

（2）在 Chrome 浏览器中按 F12 键，或是单击"自定义及控制 Google Chrome"按钮，在打开的级联菜单中选择"更多工具"→"开发者工具"选项，如图 1-15 所示。

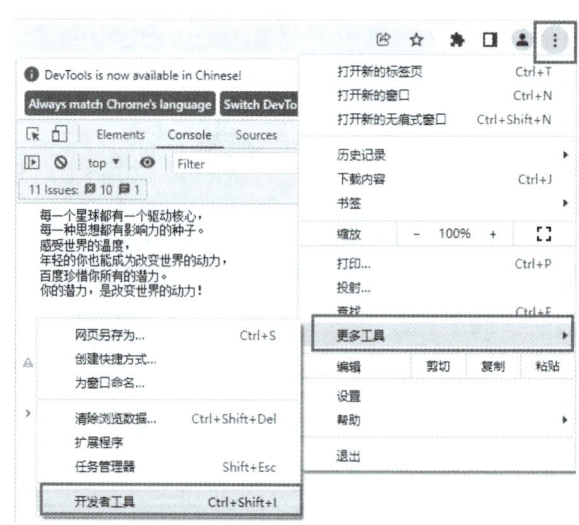

图 1-15　打开"开发者工具"

（3）在浏览器的右侧显示开发者工具窗口，切换到 Console 选项卡，这时可以检查当前页面出现的错误，如图 1-16 所示。该实例在控制台标识的错误为 Uncaught SyntaxError：Invalid or unexpected token example1-4.html:8。错误提示中的前半段 Uncaught SyntaxError：Invalid or unexpected token 表示语法错误，并指向某种标记错误，即程序的语法或语言错误；错误提示的后半段 example1-4.html:8 表示错误所出现在的文件名和行数。

图 1-16　Console 选项卡

（4）在 HBulider X 中打开 example1-4.html，查看第 8 行代码，经检查是 alert("Hello JavaScript!) 代码的括号中缺少了配对的双引号，修改为 alert("Hello JavaScript!") 后即可运行正常。

JavaScript 脚本中可能出错的内容非常多，从简单的录入错误到复杂的逻辑错误都可能存在。往往录入错误会有提示，而逻辑错误不一定有提示，本节主要讲的是录入错误。例如，漏掉了一个分号、一个引号或一个圆括号，或者错误地拼写了一条 JavaScript 命令。常见的拼写错误有：

（1）缺失引号或者括号。字符串是用引号括起来的一系列字符。例如，在代码 alert("Hello JavaScript!") 中 "Hello JavaScript!" 是一个字符串。编写字符串代码时，很容易漏掉开始的引号或结束的引号，也很容易将引号混淆，比如将单、双引号配对：alert('Hello JavaScript!")。不论是哪种情况，你都将会看到错误消息：Uncaught SyntaxError: Unexpected token ILLEGAL。

（2）指令拼写错误。如果错误地拼写了一条 JavaScript 命令，错误消息将会显示错误拼写的指令是未定义的。例如，代码为 aler('hello')，将会得到错误消息 Uncaught ReferenceError: aler is not defined。当拼写错函数时也会报错，这时会显示不一样的错误消息。

（3）语法错误。语法错误表示代码中存在某些错误，可能是输入错误，也可能是把一条或多条 JavaScript 语句以一种不允许的方式组合到一起。这种情况下，需要仔细查看每一行代码来发现错误。

任务 1.4 实施情况表

任务名称	常用的输出语句和对话框		任务难度	★★☆☆☆
任务简介	熟练使用页面输出语句 document.write()、控制台输出语句 console.log()、警告对话框 alert()、提示对话框 prompt() 和消息对话框 confirm()			
专　　业		班　　级		组　　长
组　　员		实施日期		年　　月　　日
任务要求	1. 在建立的页面中分别使用页面输出语句 document.write()、控制台输出语句 console.log() 和警告对话框 alert() 输出"你好，JavaScript！"。 2. 使用提示对话框 prompt() 获取用户输入的姓名并显示到页面。 3. 使用消息对话框 confirm() 并通过单击"确定"或"取消"按钮测试返回值			

	观测点	等级				自评	互评	教师评
		A	B	C	D			
课堂表现	学习态度	课前充分预习、课中积极主动、具有探索意识，表现优秀	能完成课前预习、课中认真听课、理解知识点，表现良好	简单预习、课中偶尔开小差、知识点掌握一般，表现一般	没有预习、课中基本不听课，表现较差			
	回答问题	对问题的理解到位，能准确回答问题，并能做到举一反三	对问题的理解到位，基本上能回答正确	对问题理解一般，需要提示才能回答	不理解问题意思，无法回答问题			
知识掌握	document.write()	能熟练使用 document.write() 输出内容	基本会用 document.write() 输出内容	在指导下使用 document.write() 输出内容	未能按要求完成操作			
	console.log()	能熟练使用 console.log() 输出内容	基本会用 console.log() 输出内容	在指导下使用 console.log() 输出内容	未能按要求完成操作			
	alert()	能熟练使用 alert() 输出内容	基本会用 alert() 输出内容	在指导下使用 alert() 输出内容	未能按要求完成操作			
	prompt()	能熟练使用 prompt() 输入内容并显示	基本会用 prompt() 输入内容并显示	在指导下使用 prompt() 输入内容并显示	未能按要求完成操作			
	confirm()	能熟练使用 confirm() 测试返回值	基本会用 confirm() 测试返回值	在指导下使用 confirm() 测试返回值	未能按要求完成操作			

任务 1.4 常用的输出语句和对话框

在 JavaScript 中经常会用到一些输出语句，主要有页面输出语句 document.write() 和控制台输出语句 console.log()。常用到的对话框主要有警告对话框 alert()、提示对话框 prompt() 和消息对话框 confirm()。

1.4.1 页面输出语句

document.write() 是属于 DOM 文档对象模型（后面的章节会详细介绍）中的一个方法，可以向网页文档内容中写入文本、html 表达式等内容，其基本格式如下：

```
document.write(" 输出文本或表达式 ");
```

document.write() 方法在使用时不能将 document 省略，括号中可以是文本或表达式等。

【实例 1-5】在页面内容输出"你好，JavaScript!"。

（1）创建名为 example1-5.html 的 html 文件，在其中输入如下代码：

```
1   <!DOCTYPE html>
2   <html>
3     <head>
4       <meta charset="utf-8">
5       <title>你好 ,JavaScript</title>
6     </head>
7   <script type="text/javascript">
8       document.write(" 你好 ,JavaScript!");
9   </script>
10    <body>
11    </body>
12  </html>
```

（2）保存后在浏览器中运行，在页面的左上角会显示"你好，JavaScript!"，如图 1-17 所示。

图 1-17 页面输出

（3）按 F12 键打开"开发者工具"窗口，切换到 Elements 选项卡，在 <body> 标签中可以看到"你好，JavaScript！"，如图 1-18 所示。也就是说 document.write() 方法括号中的内容最终变为页面元素，如果输出内容中含有 html 标签，也会被浏览器解析。例如在 <body> 标签内嵌 JavaScript 代码，就可以在指定位置输出内容。

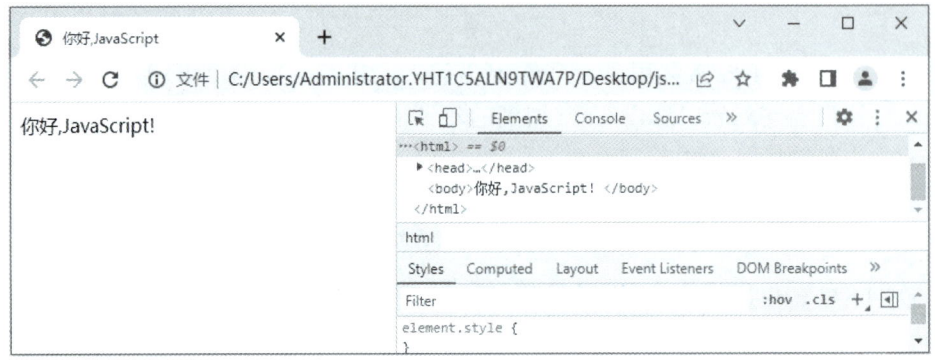

图 1-18　查看页面元素

1.4.2　控制台输出语句

console.log() 用于在浏览器的控制台中输出内容，其基本格式如下：

console.log(" 输出文本或表达式 ");

【实例 1-6】在控制台输出"你好，JavaScript！"。

（1）将实例 1-5 中的第 8 行代码修改为：

console.log(" 你好 ,JavaScript!");

（2）保存后在浏览器中运行，按 F12 键打开"开发者工具"窗口，切换到 Console 选项卡，在控制台显示了输出结果"你好，JavaScript！"，右边的 example1-5.html:8 表示输出的代码来自 example1-5.html 文件中的第 8 行，如图 1-19 所示。

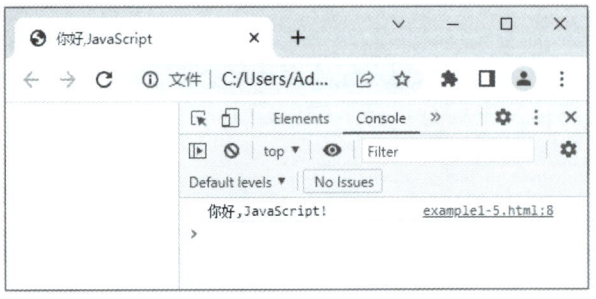

图 1-19　控制台输出

1.4.3　警告对话框

alert() 是属于 BOM 对象模型中（后面的章节会详细介绍）的一个方法，作用是在页面中弹出一个警告对话框，将信息传递给客户，其基本格式如下：

window.alert(" 提示文字 ");

例如实例 1-1 中的代码，其括号中的参数可以是变量、字符串或表达式。在实际使用中一般可以省略 window，警告对话框无返回值。警告对话框还有一个特点就是可以获取到焦点，如果不单击警告对话框的"确定"按钮，则警告对话框不会消失，页面也无法操作。

【实例 1-7】弹出警告对话框。

（1）将实例 1-5 中的第 8 行代码修改为：

alert(" 你好 ,JavaScript!");

（2）保存后在浏览器中运行，警告对话框马上弹出并显示"你好，JavaScript!"，如图 1-20 所示。

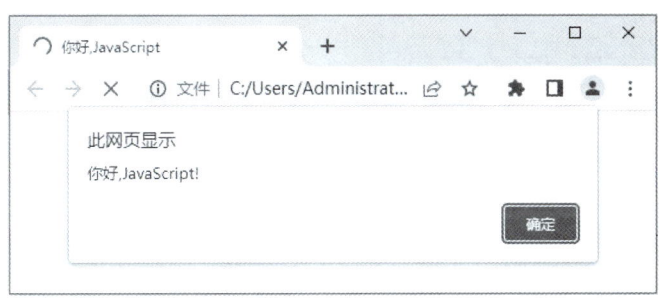

图 1-20　警告对话框

1.4.4　提示对话框

prompt() 方法与 alert() 方法一样，也是属于 window 对象的一个方法，主要用于与用户交互，提示用户输入信息的对话框，包含一个确定按钮、取消按钮和一个文本输入框。语法格式为：

window.prompt(" 提示文字 "，" 默认值 ")

在实际使用中一般省略 window，写成 prompt()。其参数"提示文字"用于提示用户输入的信息；参数"默认值"是用于用户输入文本框的默认字符串。该方法具备返回值，也就是单击"确定"按钮，文本框中的内容将作为返回值；单击"取消"按钮，将返回 null。

【实例 1-8】弹出提示框提示"请输入你的名字"，默认值为"小明"。

（1）创建名为 example1-8.html 的 html 文件，在其中输入如下代码：

```
1   <!DOCTYPE html>
2   <html>
3     <head>
4       <meta charset="utf-8">
5       <title> 提示对话框 </title>
6     </head>
7     <body>
8       <script type="text/javascript">
9         var name=prompt(" 请输入你的名字 "," 小明 ");
10        // 设定 prompt 方法的提示文字为 " 请输入你的姓名 "，默认值为 " 小明 "，同时用变量
```

```
                   // name 接收 prompt 方法返回的字符串
    11      document.write(name);  // 在页面输出小明
    12    </script>
    13   </body>
    14 </html>
```

（2）保存后在浏览器中运行，弹出提示对话框，提示消息为"请输入你的名字"，在文本框中显示"小明"，单击"确定"按钮，获取消息提示框返回值并显示在页面上，如图 1-21 所示。

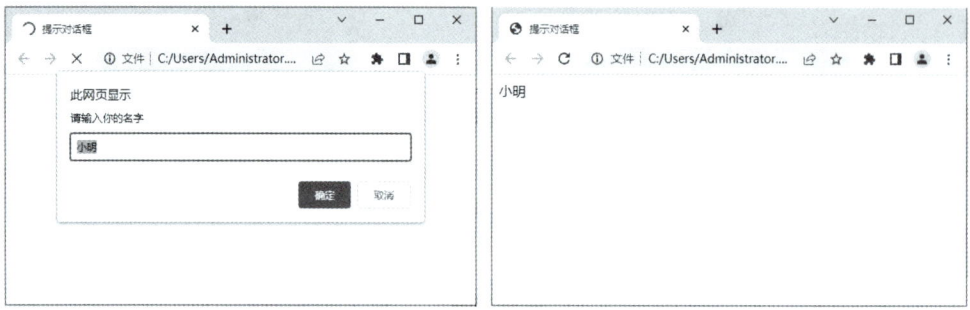

图 1-21　提示对话框

注意：prompt() 方法的返回值是字符串，即使输入的是数值，其返回值的类型也是字符串。如果需要使用返回值进行数值计算等，需要对返回值进行类型转换。

1.4.5　消息对话框

confirm() 方法也是属于 window 对象的一个方法，用于显示一个带有指定消息、确认按钮和取消按钮的对话框。其基本格式如下：

window.confirm(" 提示文字 ");

在实际使用中一般省略 window，写成 confirm()，括号中的参数用于提示用户消息，如果用户单击"确定"按钮，此方法返回 true，否则返回 false。

【实例 1-9】弹出消息对话框，获取返回值。

（1）创建名为 example1-9.html 的 html 文件，在其中输入如下代码：

```
1  <!DOCTYPE html>
2  <html>
3    <head>
4      <meta charset="utf-8">
5      <title> 消息对话框 </title>
6    </head>
7    <body>
8      <script type="text/javascript">
9        var flag=confirm(" 请点击确定或者取消按钮查看返回值 ");
10         // 设定 prompt 方法的提示文字
11        document.write(" 消息对话框的返回值为 :"+flag);  // 在页面输出消息对话框的返回值
12     </script>
13   </body>
```

14   </html>

（2）保存后在浏览器中运行，弹出消息对话框，提示消息为"请点击确定或者取消按钮查看返回值"，单击"确定"按钮，在页面上显示返回值"消息对话框的返回值为 :true"，如图 1-22 所示。

图 1-22   消息对话框

小　　结

本章主要介绍了 JavaScript 的起源与发展、概念、应用、组成与特点，重点讲解了 JavaScript 脚本的格式和三种在网页中引入 JavaScript 的方式，以及 JavaScript 常用的输出语句和对话框的使用。

课 后 练 习

一、选择题

1. JavaScript 的组成不包括（　　）。

　　A．ECMAScript　　B．DOM　　　　　　C．BOM　　　　　　D．document

2. 用户可以在（　　）HTML 标签中放置 js 脚本代码。

　　A．<script>　　　B．<javascript>　　C．<js>　　　　　　D．<scripting>

3. 单独存放 JavaScript 程序的文件扩展名是（　　）。

　　A．java　　　　　B．js　　　　　　　C．script　　　　　　D．png

4. confirm() 方法包含（　　）个结果分支。

　　A．1　　　　　　B．2　　　　　　　C．3　　　　　　　　D．0

5. 以下选项中，（　　）不是 JavaScript 的特点。
   A．解释性语言　　　　　　　　　　B．用于向 html 页面添加交互行为
   C．跨平台特性，支持大多数浏览器　D．强类型语言
6. prompt() 方法的返回值是（　　）。
   A．数字　　　　B．字符串　　　　C．字符串或数字　　　D．默认数字
7. 外链式引入 js 文件需要使用 <script> 标签的属性是（　　）。
   A．src　　　　B．type　　　　C．charset　　　　D．class
8. JavaScript 是（　　）的脚本语言。
   A．服务器端　　　　　　　　　　B．服务器端或客户端
   C．客户端　　　　　　　　　　　D．以上都不是
9. 最初 JavaScript 诞生的主要目的是（　　）。
   A．制作动画　　　　　　　　　　B．编辑网页样式
   C．处理服务器端的表单验证　　　D．收集客户数据
10. （　　）不是 JavaScript 的编辑器。
    A．HBuilder X　　　　　　　　　B．Dreamweaver
    C．Chrome　　　　　　　　　　D．Sublime Text

二、简答题

1. 什么是 JavaScript？它具有什么特点？
2. 在网页中引入 JavaScript 脚本的方式分别是什么？

实训 1 实施情况表

任务名称	输出页面元素和弹窗		任务难度	★★☆☆☆	
任务描述	1．通过 document.write() 在页面输出一级标题"JavaScript 常用的开发工具"和无序列表"HBuilderX""Sublime Text""WebStorm""Dreamweaver"。 2．通过 prompt() 在页面获取你的名字，然后使用 alert() 弹出对话框显示"××× 你好，欢迎来到 JavaScript 的世界"				
专　　业		班　级		组　　长	
组　　员		实施日期		年　　月　　日	
观测点	完成内容		自评	互评	教师评
实训任务所涉及的知识点					
实训任务操作思路					

实训1　输出页面元素和弹窗

输出页面元素和弹窗要求：

（1）通过document.write()在页面输出一级标题"JavaScript常用的开发工具"和无序列表"HBuilder X""Sublime Text""WebStorm""Dreamweaver"。

（2）通过prompt()在页面获取你的名字，然后使用alert()弹出对话框显示"×××你好，欢迎来到JavaScript的世界"。

实现思路：

（1）新建一个页面example1-10.html，插入<script>标签后，输入如下代码：

```
1   <!DOCTYPE html>
2   <html>
3     <head>
4       <meta charset="utf-8">
5       <title>输出页面元素和弹窗</title>
6     </head>
7   <script type="text/javascript">
8       document.write("<h1>JavaScript常用的开发工具</h1>");
9       document.write("<ul><li>Hbuilder X</li><li>Sublime Text</li><li>WebStorm</li><li>Dreamweaver</li><ul>");
10      var name=prompt("请输入你的名字");
11      alert(name+"你好,欢迎来到JavaScript的世界");
12  </script>
13      <body>
14      </body>
15  </html>
```

（2）保存后，在浏览器中打开example1-10.html，运行效果如图1-23所示。

图1-23　输出页面元素和弹窗

项目 2 JavaScript 基础语法

📖 能力目标

★ 掌握 JavaScript 中变量的定义和使用。
★ 理解 JavaScript 中的数据类型。
★ 掌握 JavaScript 中数据类型的转换。
★ 掌握 JavaScript 的条件语句。
★ 掌握 JavaScript 的循环语句。

▶ 思政目标

★ 帮助学生掌握职业规范和深化职业道德。
★ 帮助学生掌握专业伦理,强化使命担当。
★ 激发学生的干劲、闯劲、韧劲,争做新时代的建设者和奋斗者。

素质目标

★ 培养敢为人先、追求卓越的钻研精神。
★ 培养力戒浮躁、静心笃志的求实精神。
★ 培养兢兢业业、脚踏实地的奉献精神。

💡 项目思维导图

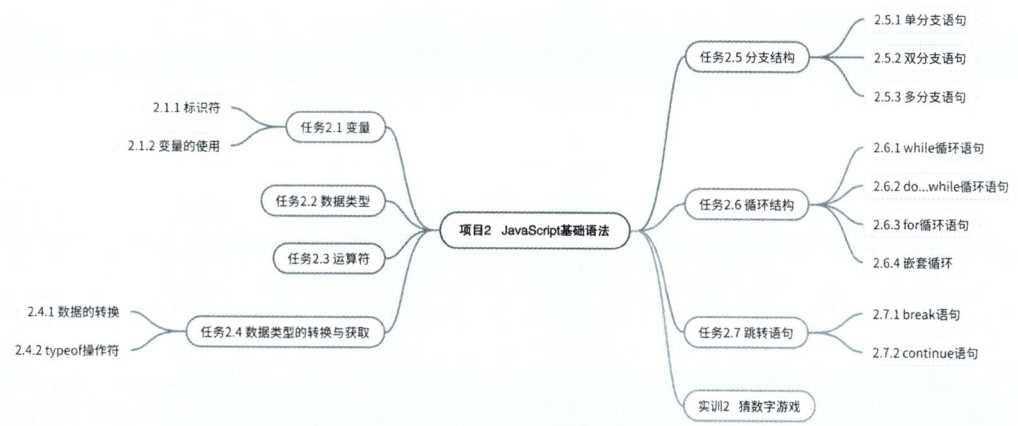

任务 2.1 实施情况表

任务名称	变量		任务难度	★☆☆☆☆
任务简介	了解标识符的命名规则，掌握变量的定义与使用方法			
专　业		班　级		组　长	
组　员		实施日期		年　月　日	
任务要求	1. JavaScript 中标识符命名有哪些规则？ 2. JavaScript 中变量定义的语法格式是什么？都有哪几种定义形式			

观测点		等级				自评	互评	教师评
		A	B	C	D			
课堂表现	学习态度	课前充分预习、课中积极主动、具有探索意识，表现优秀	能完成课前预习、课中认真听课、理解知识点，表现良好	简单预习、课中偶尔开小差、知识点掌握一般，表现一般	没有预习、课中基本不听课，表现较差			
	回答问题	对问题的理解到位，能准确回答问题，并能做到举一反三	对问题的理解到位，基本上能回答正确	对问题理解一般，需要提示才能回答	不理解问题意思，无法回答问题			
知识掌握	标识符	能准确地理解和掌握 JavaScript 标识符的命名规则	对 JavaScript 标识符的命名规则基本掌握	对 JavaScript 标识符的命名规则掌握不足	对 JavaScript 标识符的命名规则完全不掌握			
	变量的使用	能准确地理解和掌握 JavaScript 中变量的定义和使用方法	比较准确地理解和掌握 JavaScript 中变量的定义和使用方法	对 JavaScript 中变量的定义和使用方法掌握不足	对 JavaScript 中变量的定义和使用方法完全不掌握			

任务 2.1 变　　量

2.1.1 标识符

标识符（Identifier）指的是用来识别各种值的合法名称。最常见的标识符就是变量名和函数名。JavaScript 语言的标识符对大小写敏感，所以 a 和 A 是两个不同的标识符。

标识符有一套命名规则，不符合规则的就是非法标识符，标识符命名规则如下：

（1）首字符可以是任意字母（包括英文字母和其他语言的字母），以及美元符号 "$" 和下划线 "_"。

（2）其余的字符，除了字母、美元符号和下划线，还可以用数字 0～9。

规范的命名通常采用与变量存储内容相关的英文单词命名，当出现多个单词进行表示时，可以使用以下两种方法命名：驼峰法，混合使用大小写字母来构成变量和函数的名字，如 userName；帕斯卡命名法又称大驼峰法，把变量名称的第一个字母大写，如 UserName。

（3）JavaScript 不能使用关键字命名，详见表 2-1。

表 2-1　JavaScript 关键字

序号	关键字	序号	关键字	序号	关键字
1	arguments	17	false	33	public
2	break	18	finally	34	return
3	case	19	for	35	static
4	catch	20	function	36	super
5	class	21	if	37	switch
6	const	22	implements	38	this
7	continue	23	import	39	throw
8	debugger	24	in	40	true
9	default	25	instanceof	41	try
10	delete	26	interface	42	typeof
11	do	27	let	43	var
12	else	28	new	44	void
13	enum	29	null	45	while
14	eval	30	package	46	with
15	export	31	private	47	yield
16	extends	32	protected		

关键字是在 JavaScript 语言中被事先定义好并规定特殊含义的标识符。如果用作变量名和函数名，则会在运行过程中出现语法错误。

2.1.2 变量的使用

变量是用来存储数据的容器，JavaScript 使用 var 关键字对变量进行声明，具体格式如下：

```
var 变量名；
```

变量可以先声明再赋值，也可以在声明变量的同时为变量赋值，还可以同时声明多个变量。

1. 先声明再赋值

```
var userName;                          // 声明变量 userName
userName=" 张三 ";                     // 为 userName 赋值张三
```

2. 声明变量并赋值

```
var userName=" 张三 ";                 // 声明变量 userName 并直接赋值
```

3. 声明多个变量

```
var userName=" 张三 ", age=18, sex=" 男 ";   // 声明多个变量，分别赋值
```

4. 直接使用

```
school=" 广西机电职业技术学院 ";       // 没有用 var 声明变量，直接赋值使用
```

由于 JavaScript 是一种弱类型的语言，所以允许变量不经过声明直接使用，但是这种直接使用变量的做法容易导致程序代码出错。因此，我们要养成良好的编程习惯，在使用变量之前都应先声明。

任务 2.2 实施情况表

任务名称	数据类型			任务难度	★★☆☆☆			
任务简介	理解 JavaScript 中的数据类型							
专　业				班　级		组　长		
组　员				实施日期		年　月　日		
任务要求	掌握不同数据类型的变量声明方法							
观测点	等级				自评	互评	教师评	
	A	B	C	D				

	观测点	A	B	C	D	自评	互评	教师评
课堂表现	学习态度	课前充分预习、课中积极主动、具有探索意识，表现优秀	能完成课前预习、课中认真听课、理解知识点，表现良好	简单预习、课中偶尔开小差、知识点掌握一般，表现一般	没有预习、课中基本不听课，表现较差			
	回答问题	对问题的理解到位，能准确回答问题，并能做到举一反三	对问题的理解到位，基本上能回答正确	对问题理解一般，需要提示才能回答	不理解问题意思，无法回答问题			
知识掌握	布尔型（Boolean）	充分理解掌握 JavaScript 中布尔型的取值范围与应用场景	基本理解掌握 JavaScript 中布尔型的取值范围与应用场景	对于 JavaScript 中布尔型的取值范围与应用场景理解还不太理解	不理解 JavaScript 中布尔型的取值范围与应用场景			
	数值型（Number）	充分理解掌握 JavaScript 中常用的数值型	基本理解掌握 JavaScript 中常用的数值型	对于 JavaScript 中常用的数值型还不太理解	不理解 JavaScript 中常用的数值型			
	字符串型（String）	充分理解掌握 JavaScript 中字符串型的具体用法	基本理解掌握 JavaScript 中字符串型的具体用法	对于 JavaScript 中字符串型的具体用法不太理解	不理解 JavaScript 中字符串型的具体用法			
	空型（Null）	充分理解掌握 JavaScript 中空型的具体含义	基本理解掌握 JavaScript 中空型的具体含义	对于 JavaScript 中空型的具体含义不太理解	不理解 JavaScript 中空型的具体含义			
	未定义型（Undefined）	充分理解掌握 JavaScript 中未定义型的具体含义	基本理解掌握 JavaScript 中未定义的具体含义	对于 JavaScript 中未定义型的具体含义不太理解	不理解 JavaScript 中未定义型的具体含义			

任务2.2 数 据 类 型

计算机中存储的数据种类繁多，不同的数据需要定义不同的数据类型进行存储。每一种编程语言都有自己所支持的数据类型。在 JavaScript 中，数据类型分为 6 种类型，如图 2-1 所示。布尔型、数值型和字符串型这三种类型是基本数据类型，而未定义型和空型也属于是基本数据类型，但一般将它们看成两个特殊值。

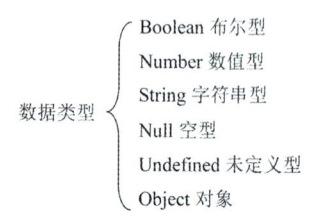

图 2-1 数据类型

对象是复杂的数据类型，又可以分成三个子类型：狭义的对象（Object）、数组（Array）和函数（Function）。狭义的对象和数组是两种不同的数据组合方式，除非特别声明，本书的"对象"都特指狭义的对象。函数其实是处理数据的方法，在 JavaScript 中把它当成一种数据类型，可以赋值给变量，这给编程带来了很大的灵活性，也为 JavaScript 的"函数式编程"奠定了基础，这部分内容都将在后面的章节详细讲解。

1. 布尔型

布尔型是 JavaScript 中比较常用的数据类型之一，常用于逻辑判断。一个布尔型变量只有 true 和 false 两种值，分别代表"真"和"假"两个状态，也可以通过布尔运算计算出来。例如：

```
var flag1=true;             // 声明变量 flag1，赋值 true
var flag2=false;            // 声明变量 flag2，赋值 false
```

2. 数值型

在 JavaScript 中数值型不再区分整数和浮点数，统一用 Number 表示，而且所有数字都是以 64 位浮点数形式储存，即使整数也是采用 64 位浮点数存储。所以，1 与 1.0 在 JavaScript 的判断中是同一个数据。可以说 JavaScript 的底层根本没有 32 位的整数存储形式。以下都是合法的数值型数据：

```
var num1=100;               // 整数 100
var num2=3.1415;            // 浮点数 3.1415
var num3=1.2345e3;          // 科学计数法表示 1.2345x1000，等同于 1234.5
var num4=-100;              // 负数
```

计算机有时候用八进制或者十六进制表示整数，八进制用 0 开头，后面的数字用 0～7 表示；十六进制用 0x 开头，后面的数字用 0～9 和 a～f 表示，它们和十进制表示的数值完全一样。例如：

```
var num5=070;               //070 等于十进制的 56
var num6=0xf2;              //0xf2 等于十进制的 242
```

此外，除了常用的数字之外，还有 2 个特殊的数值型数据。

（1）NaN（Not a Number）表示不是一个数字，如果在进行数值运算时产生了一个未知的结果或错误时，JavaScript 就会返回 NaN，代表结果是一个非数字的情况。NaN 是一个特殊的值，不会与任何数字相等，包括自身，但是在 JavaScript 中可以使用

isNaN() 函数来判断运算结果是不是 NaN（该内容在后面章节讲解）。

（2）Infinity 是无限、无穷的意思，当在进行数值运算时超出了数值型能表示的最大值时，就会输出为 Infinity，表示无穷大；当在进行数值运算时超出了数值型能表示的最小值时，就会输出为 -Infinity。

3. 字符串型

字符串就是放在单引号或双引号之中的零个或多个组合在一起的字符，可以是中英文也可以是特殊符号，例如：

```
var str1=" 中国 ";                    // 表示存储了 " 中国 "2 个字符
var str2='abc';                       // 表示存储了 "abc"3 个字符
```

单引号或者双引号只是一种表示方式，不是字符串的一部分。双引号（单引号）字符串的内部可以正常使用单引号（双引号），这时单引号（双引号）算是字符串中的字符，例如：

```
var str3="she's a girl";              // 双引号中包含了单引号
var str4='JavaScript 是最好的 " 语言 "';  // 单引号中包含了双引号
```

如果要在单引号字符串的内部，使用单引号，就必须在内部的单引号前面加上反斜杠"\"，用来转义。双引号字符串内部使用双引号也是同样方法，例如：

```
var str5='she\'s a girl';             // 单引号中包含了单引号
var str6="JavaScript 是最好的 \" 语言 \"";  // 双引号中包含了双引号
```

反斜杠"\"在字符串内有特殊含义，用来表示一些特殊字符，所以又称为转义字符。需要用反斜杠转义的特殊字符见表 2-2。

表 2-2 JavaScript 转义字符

转义字符	含义	转义字符	含义
\'	单引号	\"	双引号
\n	换行符	\r	回车符
\t	制表符	\v	垂直制表符
\f	换页符	\b	退格符
\0	Null 字符	\\	反斜杠

4. 空型

空型是只有一个特殊值 null 的数据类型，用来表示一个"空"的值，空型和 0 以及空字符串 " " 的含义不同，0 表示的是一个数值，" " 表示长度为 0 的字符串，而 null 表示"空"，一个不存在的或无效的对象或地址。

5. 未定义型

未定义型也是只有一个特殊值 undefined 的数据类型，用来表示声明的变量还未被初始化时的默认值。JavaScript 在设计的初衷是希望用 null 表示一个空的值，而 undefined 表示值未定义，但是两者区分的意义不大，一般情况下用 null 比较多，undefined 通常用在判断函数参数是否传递。

任务 2.3 实施情况表

任务名称	运算符		任务难度	★★☆☆☆	
任务简介	了解 JavaScript 中的各种运算符以及优先级				
专 业		班 级		组 长	
组 员		实施日期		年 月 日	
任务要求	掌握各种运算符的使用方法,并能使用运算符完成简易运算				

观测点		等级				自评	互评	教师评
		A	B	C	D			
课堂表现	学习态度	课前充分预习、课中积极主动、具有探索意识,表现优秀	能完成课前预习、课中认真听课、理解知识点,表现良好	简单预习、课中偶尔开小差、知识点掌握一般,表现一般	没有预习、课中基本不听课,表现较差			
	回答问题	对问题的理解到位,能准确回答问题,并能做到举一反三	对问题的理解到位,基本上能回答正确	对问题理解一般,需要提示才能回答	不理解问题意思,无法回答问题			
知识掌握	算术运算符	熟练掌握算术运算符的基本使用方法	基本掌握算术运算符的基本使用方法	掌握部分算术运算符的基本使用方法	完全没有掌握			
	关系运算符	熟练掌握关系运算符的基本使用方法	基本掌握关系运算符的基本使用方法	掌握部分关系运算符的基本使用方法	完全没有掌握			
	逻辑运算符	熟练掌握逻辑运算符的基本使用方法	基本掌握逻辑运算符的基本使用方法	掌握部分逻辑运算符的基本使用方法	完全没有掌握			
	赋值运算符	熟练掌握赋值运算符的基本使用方法	基本掌握赋值运算符的基本使用方法	掌握部分赋值运算符的基本使用方法	完全没有掌握			
	位运算符	熟练掌握位运算符的基本使用方法	基本掌握位运算符的基本使用方法	掌握部分位运算符的基本使用方法	完全没有掌握			
	三元运算符	熟练掌握三元运算符的运算规则	基本掌握三元运算符的运算规则	不太理解三元运算的规则	完全没有掌握			
	运算符优先级	充分理解并掌握 JavaScript 中运算符的优先级别	基本理解并掌握 JavaScript 中运算符的优先级别	对部分运算符优先级不太理解	完全不理解			

任务 2.3 运 算 符

JavaScript 和其他程序设计语言一样，提供了多种类型的运算符，常用的包括算术运算符、关系运算符、逻辑运算符和赋值运算符，表 2-3 对运算符做了简要说明。

表 2-3 运 算 符 号

类型	运算符	作用详解	示例	结果
算术运算符	+	数值计算为相加 字符串计算为连接字符串	x=10, y=5; x+y x=' 你 ', y=' 好 '; x+y	15 你好
	-	两个数值相减 在单个变量前表示负号	x=10, y=5; x-y x=10, x=-x;	5 -10
	*	两个数值相乘	x=10, y=5; x*y	50
	/	两个数值相除	x=10, y=5; x/y	2
	%	两个数值取余	x=10, y=3; x%y	1
	++	后自增，运行语句后改变值 前自增，运行语句时改变值	x=10; x++; x=10; ++x;	10 11
	--	后自减，运行语句后改变值 前自减，运行语句时改变值	x=10; x--; x=10; --x;	10 9
关系运算符（结果返回为 true 或者 false）	>	大于	x=10, y=5; x>y	true
	<	小于	x=10, y=5; x<y	false
	>=	大于等于	x=10, y=5; x>=y	true
	<=	小于等于	x=10, y=5; x<=y	false
	==	相等于	x=5, y='5'; x==y	true
	!=	不等于	x=10, y=5; x!=y	true
	===	全等于	x=5, y=5; x===y	true
	!==	不全等	x=5, y='5'; x!==y	true
逻辑运算符	&&	逻辑与	x=true, y=false; x&&y 当 x 和 y 同时为 true 时返回 true，否则返回 false	false
	||	逻辑或	x=true, y=false; x||y 当 x 和 y 任意一个为 true 时返回 true；两者同为 false 时，返回 false	true
	!	逻辑非	x=true; !x=false 当 x 为 true，则 !x 返回 false	false

续表

类型	运算符	作用详解	示例	结果

赋值运算符	=、+=、-=、*=、/=、%=	"="为主要赋值运算符，作用是将运算符右边的值赋给左边的变量，若在赋值运算符前加上算术运算符则代表计算后再赋值	x=10;
			x=10; x+=5;
			x=10; x-=5;
			x=10; x*=5;
			x=10; x/=4;
			x=10; x%=3;
				将10赋值给x
				x=15
				x=5
				x=50
				x=2.5
				x=1

位运算符	&、^、|	将数值转换为二进制后按位进行逻辑计算，本书不作深入讲解	x&y x^y x|y	
三元运算符	?:	运算的结果根据给定的条件进行判断后决定，将在条件语句中进一步讲解	条件表达式?语句1:语句2	

在一些比较复杂的表达式进行运算时，首先要明确表达式中所有符号的规则和运算符参与运算的先后顺序，我们把这种顺序称为运算符的优先级。表2-4列出了JavaScript中运算符的优先级别，优先级由上至下、由左至右递减。

表2-4 运算符的优先级

运算符	描述
()、.、[]	方法/功能调用或分组、对象属性访问、数组下标
++、--、-、~、!、delete、new、typeof、void	自增、自减、一元运算符、删除数组值或对象属性、对象创建、返回数据类型、不指定要返回的值
*、/、%	乘法、除法、取模
+、-、+	加法、减法、字符串连接
<<、>>、>>>	移位
<、<=、>、>=	小于、小于等于、大于、大于等于
==、!=、===、!==	相等于、不等于、全等、不全等
&	按位与
^	按位异或
|	按位或
&&	逻辑与
||	逻辑或
?:	条件分支
=、+=、-=、*=、/=、%=	赋值、运算赋值
,	多重求值

在同一个单元格内的运算符是具有相同的优先级，具有相同优先级的运算符按从左至右的顺序求值。此外，圆括号可用来改变运算符优先级所决定的求值顺序，且当

表达式中有多个括号时，最内层括号中的表达式优先级最高。

【实例 2-1】简易运算。

（1）在 HBulider X 新建一个页面 example2-1.html，插入 <script> 标签后，输入以下代码：

```
1  var num1=10,num2=3,num3=0,str="10";
2  document.write('num1=10,num2=3,num3=0,str="10"<br>');
3  document.write(num1+'+'+num2+'='+(num1+num2)+'<br>');
4  document.write(num1+'-'+num2+'='+(num1-num2)+'<br>');
5  document.write(num1+'*'+num2+'='+num1*num2+'<br>');
6  document.write(num1+'/'+num2+'='+num1/num2+'<br>');
7  document.write(num1+'/'+num3+'='+num1/num3+'<br>');
8  document.write(num1+'%'+num2+'='+num1%num2+'<br>');
9  document.write('num2++='+(num2++)+'<br>');
10 document.write('++num3='+(++num3)+'<br>');
11 document.write(num1+'=='+str+', 结果为 '+(num1==str)+'<br>');
12 document.write(num1+'==='+str+', 结果为 '+(num1===str)+'<br>');
```

（2）保存后，在浏览器中打开 example2-1.html，运行效果如图 2-2 所示。

在本例中，需要注意的是四则运算的除法遵循数学规则，当除数为 0 时，计算出来的结果为 Infinity（Infinity 是表示正无穷大的数值，-Infinity 是表示负无穷大的数值），这是因为不符合数学运算规则所致。此外，自增和自减运算要注意前后的运算规则，自增和自减在后是执行语句后才改变变量的值，自增和自减在前是执行语句时就改变变量的值。在逻辑运算中相等于与全等于的区别在于数据类型是否也一致。

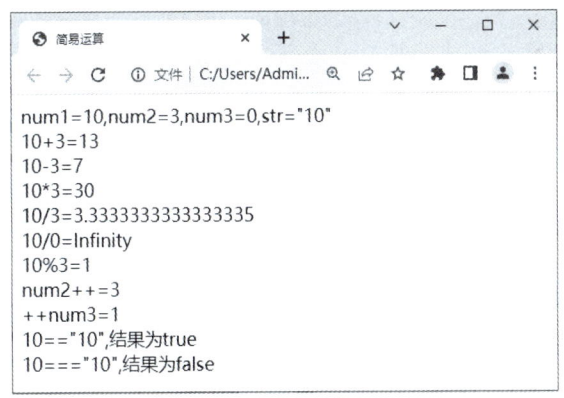

图 2-2　简易运算结果

任务 2.4 实施情况表

任务名称	数据类型的转换与获取		任务难度	★★☆☆☆
任务简介	掌握各种数据类型之间的转换规则，能够获取数据的数据类型			
专　业		班　级	组　长	
组　员		实施日期	年　月　日	
任务要求	1. 按照具体要求将给定数据转换成其他数据类型。 2. 使用 typeof 操作符获取数据的数据类型			

观测点		等级				自评	互评	教师评
		A	B	C	D			
课堂表现	学习态度	课前充分预习、课中积极主动、具有探索意识，表现优秀	能完成课前预习、课中认真听课、理解知识点，表现良好	简单预习、课中偶尔开小差、知识点掌握一般，表现一般	没有预习、课中基本不听课，表现较差			
	回答问题	对问题的理解到位，能准确回答问题，并能做到举一反三	对问题的理解到位，基本上能回答正确	对问题理解一般，需要提示才能回答	不理解问题意思，无法回答问题			
知识掌握	数据的转换	熟练掌握各种数据类型之间的转换规则	基本掌握各种数据类型之间的转换规则	仅掌握部分数据类型之间的转换规则	完全没有掌握			
	typeof 操作符	熟练掌握 typeof 操作符的作用与使用方法，获取不同变量的数据类型	基本掌握熟练掌握 typeof 操作符的作用与使用方法，获取不同变量的数据类型	不太理解 typeof 操作符的作用和不熟悉使用方法，获取不同变量的数据类型	完全没有掌握			

任务 2.4　数据类型的转换与获取

2.4.1　数据的转换

JavaScript 是松散型语言，在声明一个变量时，我们是无法明确声明其类型的。变量的类型是根据实际值来决定的，而且在运行期间，我们可以随时改变这个变量的值和类型。一般数据类型的转换有两种，分别是隐式转换和显式转换。

1. 隐式转换

变量在运行期间参与运算时，在不同的运算环境中会进行相应的隐式转换。隐式转换主要是以下几种情况：

（1）算术运算符。加法运算：只要一方是字符串，另一方也会被转换为字符串类型；其他运算：只要其中一方是数字，另一方也会被转换为数字。

```
var num=10, str='5', flag=true;    // 定义 3 个变量，分别是数字 10、字符串 5 和布尔型 true
document.write(num+str);           // 结果为 105；
document.write(num-str);           // 结果为 5；
document.write(num*str);           // 结果为 50；
document.write(num/str);           // 结果为 2；
document.write(num%str);           // 结果为 0；
document.write(num+flag);          // 结果为 11；
document.write(str+flag);          // 结果为 10true；
```

（2）关系运算符。尤其是使用 "==" 操作符比较两个不相同的类型值时也会自动产生类型转换：null 和 undefined 相等；数值和字符串比较时，字符串会先被转化成数字再进行比较；数值和布尔值比较时，布尔值会先被转化成数字再进行比较。

```
var num=1, str='1', flag=true;        // 定义 3 个变量，分别是数字 1、字符串 1 和布尔型 true
document.write(null==undefined);      // 在页面输出 true；
document.write(num==str);             // 在页面输出 true；
document.write(num==flag);            // 在页面输出 true；
document.write(str==flag);            // 在页面输出 true；
```

（3）条件表达式。除了 undefined、null、false、NaN、' '、0、-0 以外，其他所有值包括所有对象都转换为 true 进行判断。

2. 显式转换

JavaScript 提供了多种方法可以将数据从一种类型转换为另一种类型，也提供了基本数据类型转换函数。

（1）转换为字符串。JavaScript 中的布尔值、数值、字符串及其他对象都可以通过 toString() 方法直接转换为字符串，但是 toString() 方法只在使用代码时有效，不能从根本上改变原变量的数据类型。如果要改变原变量的数据类型，还需要另一个变量进行存储，以数值转换为例：

```
var num=1, str='1', flag=true;     // 定义 3 个变量，分别是数字 1、字符串 1 和布尔型 true
num1=num.toString();               // 将 num 转换为字符串后赋值给 num1
```

```
document.write('num 的值为：'+num+'，数据类型为：'+typeof(num));
document.write('<br>');                    // 输出换行
document.write('num1 的值为：'+num1+'，数据类型为：'+typeof(num1));
```

（2）转换为数字。ECMAScript 提供了两种把非数值型的数据类型转换成数值的方法。

1）parseInt()。用于将字符串转换为整数，该方法提供两个参数：第一个参数是需要转换的变量，第二个参数是进制数的设置，如省略则默认转换为十进制，例如：

```
var num1='100', num2='100.99', num3='100abc', num4='abc100', num5='100abc123';
document.write(parseInt(num1));
document.write(parseInt(num1,8));       // 以八进制将转换后的数值输出，结果为 64
document.write(parseInt(num2));         // 浮点数转换后小数自动舍去，结果为 100
document.write(parseInt(num3));
// 数值在前与字母等字符混合的字符串可以转换数值部分，结果为 100
document.write(parseInt(num4));
// 数值在后与字母等字符混合的字符串转换后结果为 NaN
document.write(parseInt(num5));
// 数值在前后都有并与字母等字符混合的字符串，变量中前面的数值部分可转换为数值型，结
// 果为 100
```

2）parseFloat()。用于将字符串转换为浮点数，转换规则与 parseInt() 类似，只是没有第二个设置转换其他进制数的参数，例如：

```
var num1='100.99', num2='100.11', num3='100.22abc';
document.write(parseFloat(num1));
document.write(parseFloat(num2));
document.write(parseFloat(num3));
```

这两个方法只对纯数字字符串或数字在前的混合字符串有效，其他类型返回的都是 NaN。此外，这两个方法也不能从根本上改变原变量的数据类型。

（3）基本数据类型转换。基本数据类型转换主要指使用 Number()、String() 和 Boolean() 三个函数，手动将各种类型的值分别转换成数字、字符串或者布尔值。

1）Number()。可以将任意类型的值转化成数值，例如：

```
Number(324);              // 输出结果为数值 324，数值：转换后还是原来的值
Number('324');            // 输出结果为数值 324，字符串：如果可以被解析为数值，则转换为
                          // 相应的数值
Number('324abc');         // 输出结果为 NaN，字符串：如果不可以被解析为数值，返回 NaN
Number('');               // 输出结果为 0，空字符串转为 0
Number(true);             // 输出结果为 1，布尔值：true 转成 1，false 转成 0
Number(undefined);        // 输出结果为 NaN，undefined：转成 NaN
Number(null);             // 输出结果为 0，null：转成 0
```

在使用 Number() 将字符串转为数值时，要比 parseInt() 和 parseFloat() 严格。基本上，只要转换的字符串中包含有非数字字符，则整个字符串就会被转为 NaN。

2）String()。可以将任意类型的值转化成字符串，例如：

```
String(123);              // 输出结果为字符串 123，数值：转为相应的字符串
String('abc');            // 输出结果不变，字符串：转换后还是原来的值
```

String(true);	// 输出结果为字符串 true，布尔值：true 转为字符串 "true"，false 转为字符串 "false"
String(undefined);	// 输出结果为字符串 undefined，undefined：转为字符串 "undefined"
String(null);	// 输出结果为字符串 null，null：转为字符串 null

3）Boolean()。可以将任意类型的值转为布尔值。

它的转换规则相对简单，除了 undefined、null、NaN、' '、0、-0 值的转换结果为 false，其他的值全部为 true。

2.4.2 typeof 操作符

typeof 是一个比较特殊的运算符，用于查询并返回一个变量或表达式的数据类型。typeof 有一个参数，即要检查的变量或者表达式，格式如下：

typeof(变量或表达式)

执行后返回数据类型的名称与上文中数据类型的英文名称相对应，分别是 number、string、boolean、undefined，如果变量类型是 null 或者是符合数据类型（如数组、对象等），则返回 object。

【实例 2-2】获取变量的数据类型。

（1）在 HBulider X 新建一个页面 example2-2.html，插入 <script> 标签后，输入以下代码：

```
1  document.write("<h2> 使用 typeof 操作符返回不同变量的数据类型 </h2>")
2  var num=10, str=' 你好 ', flag=true;      // 分别定义三个不同数据类型的变量并赋值
3  var x;                                    // 声明一个变量，不赋值
4  var arr=new Array();                      // 创建一个数组对象
5  var time=new Date();                      // 创建一个时间对象
6  document.write('num 的数据类型是：'+typeof(num)+'<br>');      // 在页面输出 number
7  document.write('str 的数据类型是：'+typeof(str)+'<br>');      // 在页面输出 string
8  document.write('flag 的数据类型是：'+typeof(flag)+'<br>');    // 在页面输出 boolean
9  document.write('null 值的数据类型是：'+typeof(null)+'<br>');  // 在页面输出 object
10 document.write('x 的数据类型是：'+typeof(x)+'<br>');          // 在页面输出 undefined
11 document.write('arr 的数据类型是：'+typeof(arr)+'<br>');      // 在页面输出 object
12 document.write('time 的数据类型是：'+typeof(time)+'<br>');    // 在页面输出 object
```

（2）保存后，在浏览器中打开 example2-2.html，运行效果如图 2-3 所示。

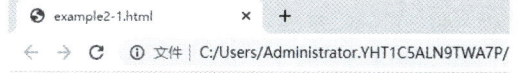

图 2-3　获取变量数据类型

任务 2.5 实施情况表

任务名称	分支结构		任务难度	★★☆☆☆		
任务简介	掌握各种分支结构的基本使用方法					
专　　业		班　　级		组　　长		
组　　员		实施日期		年　　月　　日		
任务要求	掌握使用多分支 if 语句或 switch 语句实现根据分数判断成绩等级					

观测点		等级				自评	互评	教师评
		A	B	C	D			
课堂表现	学习态度	课前充分预习、课中积极主动、具有探索意识，表现优秀	能完成课前预习、课中认真听课、理解知识点，表现良好	简单预习、课中偶尔开小差、知识点掌握一般，表现一般	没有预习、课中基本不听课，表现较差			
	回答问题	对问题的理解到位，能准确回答问题，并能做到举一反三	对问题的理解到位，基本上能回答正确	对问题理解一般，需要提示才能回答	不理解问题意思，无法回答问题			
知识掌握	单分支语句	熟练掌握 if 单分支语句的语法结构与基本使用方法	基本掌握 if 单分支语句的语法结构与基本使用方法	对 if 单分支语句的语法结构与基本使用方法不太理解	完全没有掌握			
	双分支语句	熟练掌握 if...else 双分支语句的语法结构与基本使用方法	基本掌握 if...else 双分支语句的语法结构与基本使用方法	对 if...else 双分支语句的语法结构与基本使用方法不太理解	完全没有掌握			
	多分支语句	熟练掌握两种多分支语句的基本用法，实现根据分数判断成绩等级	基本掌握多分支语句，实现根据成绩判断成绩等级	在别人的帮助下使用多分支语句实现根据分数判断成绩等级	未能实现根据分数判断成绩等级			

任务 2.5 分 支 结 构

分支结构是程序设计中三大流程控制结构之一。分支语句的用法是根据给出的条件进行判断来决定执行对应的代码。常用的分支语句有单分支（if）、双分支（if...else）和多分支（if...else if...else 和 switch）三种类型。

2.5.1 单分支语句

单分支语句也称为 if 条件语句，当满足条件时，就执行相应的语句块，如果不满足条件，则跳过语句块执行后面的语句，例如：当时间小于 12:00 时，输出"上午好"，否则无输出。具体语法和示例如下：

```
if ( 条件表达式 ){
   语句块
}


var time=10;
if (time<12) {
  document.write(" 上午好 ");
}
```

此处的条件表达式可以是具体的值也可以是关系表达式，如果是值，将会转成布尔值执行；如果是关系表达式，则根据运算结果判断，结果为 true 时，执行"{}"中的语句块，否则不进行任何处理。如果语句块只有一行语句时，可以省略"{}"。

2.5.2 双分支语句

双分支语句也称为 if...else 条件语句，当满足条件时，就执行语句块 1，如果不满足条件，则执行语句块 2。例如：当时间小于 12:00 时，输出"上午好"，否则输出"下午好"。具体语法和示例如下：

```
if ( 条件表达式 ){
   语句块 1
}else{
  语句块 2
}

var time=10;
if (time<12) {
  document.write(" 上午好 ");
}else{
  document.write(" 下午好 ");
}
```

对于条件和语句块比较简单的双分支语句有时候也可以使用三元运算符"？:"表示，作用是根据给定条件决定执行相应语句，格式如下：

条件表达式？语句 1: 语句 2

先计算条件表达式的结果，如果结果为 true 则执行语句 1，否则执行语句 2。例如将上面的例子用三元运算符表示为：

```
var time=10;
time<12 ? document.write(" 上午好 ") : document.write(" 下午好 ");
```

2.5.3 多分支语句

多分支语句有两种类型，分别是 if...else if...else 嵌套条件语句和 switch 语句。

（1）if...else if...else 嵌套条件语句。可以根据多种情况进行不同的处理。首先判断条件表达式 1，满足则执行语句块 1，若不满足条件，则判断条件表达式 2，满足则执行语句块 2，否则执行语句块 3。例如：首先判断时间是否小于 12:00，小于则输出"上午好"，否则判断时间是否小于 18:00，小于则输出"下午好"，两个判断都不满足则输出"晚上好"。具体语法和示例如下：

```
if( 条件表达式 1){
    语句块 1
}else if( 条件表达式 2){
   语句块 2
}
...
else if( 条件表达式 n){
   语句块 n
}else{
   语句块 n+1
}
var time=10;
if (time<12) {
  document.write(" 上午好 ");
}else if(time<18){
  document.write(" 下午好 ");
}else{
  document.write(" 晚上好 ");
}
```

上述多个 if...else if...else 语句实际上相当于多层的 if...else 语句组合，例如：

```
if (time<12) {
  document.write(" 上午好 ");
}else{
   if(time<18){
     document.write(" 下午好 ");
    }else{
```

```
        document.write(" 晚上好 ");
    }
}
```

我们通常把 else if 连写在一起，以此来增加可读性。

注意：if...else 语句的执行特点是二选一，在多个 if...else 语句中，如果某个条件成立，则不再继续判断了。

（2）switch 多分支语句。与 if...else 类似可以根据多种情况进行不同的处理，但与 if...else 语句不同的是，switch 语句是根据具体的值或表达式计算出来的结果做等值判断，然后与 case 中的值依次比较，如果相等则执行相应的语句块，接着通过 break 语句跳出 switch 语句；如果没有匹配的值，则执行 default 中的语句块。default 语句块不是必须的，可以省略。具体语法和示例如下：

```
switch( 表达式或值 ){
 case 值 1: 语句块 1;
 break;
 case 值 2: 语句块 2;
 break;
 ...
 default: 语句块 n;
 break;
}
var weekday=" 星期一 ";
switch(weekday){
 case " 星期一 ": document.write(" 今天是周一，要好好努力 ");
 break;
 case " 星期六 ": document.write(" 今天是周末，可以放松一下 ");
 break;
 default: document.write(" 每天都要有好心情 ");
 break;
}
```

两种多分支语句不同之处在于，if...else 语句多用于范围、区间的判断，switch 语句多用于多种情况的枚举。

【**实例 2-3**】使用 if 语句完成学生成绩的等级考评，将用户输入的学生成绩转换为综合考评等级：如果成绩在 90 ～ 100 分，等级为优秀；如果成绩在 80 ～ 90（不含 90）分，等级为良好；如果成绩在 70 ～ 80（不含 80）分，等级为中等；如果成绩在 60 ～ 70（不含 70）分，等级为中等；60 分以下为不及格；同时要对输入的数字进行合理性判断。

（1）新建页面 example2-3.html，在 <body> 标签插入 <script> 标签后，输入以下代码：

```
1  var score=prompt(" 请输入你要转换的成绩 ");   // 获取用户输入的成绩
2  if(score>=90 && score<=100){  // 对成绩的区间进行判断
3      document.write("<h4> 你的成绩为 "+score+", 等级评定为优秀 !</h4>");
4  }else if (score>=80 && score<90) {
```

```
5       document.write("<h4> 你的成绩为 "+score+", 等级评定为良好 !</h4>");
6     } else if (score>=70 && score<80) {
7       document.write("<h4> 你的成绩为 "+score+", 等级评定为中等 !</h4>");
8     } else if (score>=60 && score<70) {
9       document.write("<h4> 你的成绩为 "+score+", 等级评定为及格 !</h4>");
10    } else if (score>0 && score<60) {
11      document.write("<h4> 你的成绩为 "+score+", 等级评定为不及格 !</h4>");
12    }else{
13      document.write("<h4> 你输入的成绩不在合理区间范围，请重新输入。</h4>");
14    }
```

（2）保存后，在浏览器中打开 example2-3.html，运行效果如图 2-4 所示。

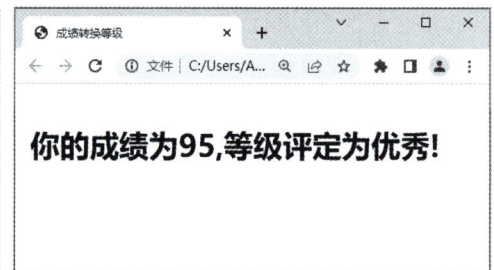

图 2-4　if 语句成绩转换运行结果

在这个例子中，虽然使用 prompt() 方法获取的数值是字符串类型，但是由于在进行关系运算时进行了隐式转换也能正确输出结果，所以本例中并未对获取到的数值进行显式转换。

【实例 2-4】使用 switch 语句实现上例的效果。

（1）新建页面 example2-4.html，在 <body> 标签插入 <script> 标签后，输入以下代码：

```
1   var score=prompt(" 请输入你要转换的成绩 ");
2   if (score>=0 && score<=100) {
3     switch (parseInt(score/10)){   // 等值判断，将大数值转为小数值减少判断情况
4       case 10:
5       case 9:document.write("<h4> 你的成绩为 "+score+", 等级评定为优秀 !</h4>");
6         break;
7       case 8:document.write("<h4> 你的成绩为 "+score+", 等级评定为良好 !</h4>");
8         break;
9       case 7:document.write("<h4> 你的成绩为 "+score+", 等级评定为中等 !</h4>");
10        break;
11      case 6:document.write("<h4> 你的成绩为 "+score+", 等级评定为及格 !</h4>");
12        break;
13      default:document.write("<h4> 你的成绩为 "+score+", 等级评定为不及格 !</h4>");
14        break;
15    }
```

```
16    } else{
17        document.write("<h4> 你输入的成绩不在合理区间范围内，请重新输入。</h4>");
18    }
```

（2）保存后，在浏览器中打开 example2-4.html，运行效果如图 2-5 所示。

在这个例子中，因为 switch 语句的条件表达式只能进行等值判断，而成绩分布太广，无法一一罗列，所以采用 parseInt(score/10) 的方法获取十位数的数字后再进行判断。当多个值所运行的语句块相同时，可以采用并列写法。

 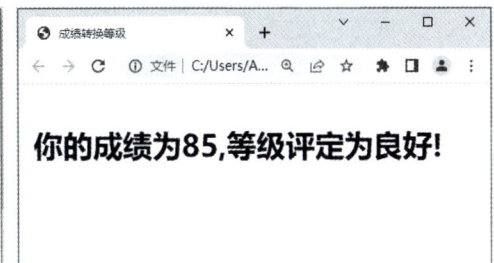

图 2-5　switch 语句成绩转换的运行结果

任务 2.6 实施情况表

任务名称	循环结构		任务难度	★★☆☆☆	
任务简介	掌握 while 循环、do...while 循环、for 循环、嵌套循环的基本用法				
专　　业		班　　级		组　　长	
组　　员		实施日期		年　　月　　日	
任务要求	1. 分别使用 while、do...while、for 循环语句计算 1+2+3+…+100 的和。 2. 使用嵌套循环实现按输入行数打印星号直角三角形				

观测点		等级				自评	互评	教师评
		A	B	C	D			
课堂表现	学习态度	课前充分预习、课中积极主动、具有探索意识，表现优秀	能完成课前预习、课中认真听课、理解知识点，表现良好	简单预习、课中偶尔开小差、知识点掌握一般，表现一般	没有预习、课中基本不听课，表现较差			
	回答问题	对问题的理解到位，能准确回答问题，并能做到举一反三	对问题的理解到位，基本上能回答正确	对问题理解一般，需要提示才能回答	不理解问题意思，无法回答问题			
知识掌握	while 循环语句	能熟练使用 while 循环语句实现求和计算	基本会用 while 循环语句实现求和计算	在指导下能够使用 while 循环语句实现求和计算	未能按要求完成操作			
	do...while 循环语句	能熟练使用 do...while 循环语句实现求和计算	基本会用 do...while 循环语句实现求和计算	在指导下能够使用 do...while 循环语句实现求和计算	未能按要求完成操作			
	for 循环语句	能熟练使用 for 循环语句实现求和计算	基本会用 for 循环语句实现求和计算	在指导下能够使用 while 循环语句实现求和计算	未能按要求完成操作			
	嵌套循环	能熟练使用嵌套循环语句实现打印图形	基本会用嵌套循环语句实现打印图形	在指导下能够使用嵌套循环语句实现打印图形	未能按要求完成操作			

任务2.6 循环结构

循环结构是程序设计中三大流程控制结构之一,可实现代码块的重复执行。JavaScript中的循环语句有while、do...while和for循环语句三种,在使用循环语句时,要注意设置好循环的三要素:循环变量的初始化(循环计数器)、循环条件(以循环变量为基础)和退出循环的方法(循环变量的改变)。本任务将以计算1+2+3+…+100的和作为案例对三种循环语句进行讲解。

2.6.1 while循环语句

while循环语句是根据循环条件来判断是否重复执行代码段,具体的语法格式如下:

```
while(循环条件){
    循环体
}
```

while关键字后为循环条件,当条件表达式计算结果为true时,则执行"{}"中的循环体,当循环条件为false时,结束循环。

【实例2-5】使用while语句计算1+2+3+…+100的和。

(1)新建页面example2-5.html,在<body>标签插入<script>标签后,输入以下代码:

```
1  var num=1,sum=0;         // 设置循环变量和结果变量
2  while(num<=100){         // 循环条件
3      sum=sum+num;         // 结果累加
4      num++;               // 循环变量的改变
5  }
6  document.write("1+2+3+...+100 的和为 :"+sum);
```

本节开头讲过实现循环结构语句要设置好循环三要素,但是在while语句的基本格式中只出现了循环条件,也就是说循环变量和退出循环的方法需要开发者自行设计。循环条件是以循环变量为基础的,所以循环变量的设置一定是在进入循环条件判断之前。在本例中的计算需要执行100次,所以设计num为循环变量并从1开始计数,每次增加1,循环条件则设置为num<=100,这样就可以实现计算100次。退出循环的方法是循环变量不满足循环条件,所以改变循环变量就需要在循环体中进行,也就是设置每次计算后循环变量要加1(num++)再进行循环条件的判断,直到循环到100次之后,循环变量num=101,再判断循环条件时结果为false,就退出循环继续执行后续的语句。

(2)保存后,在浏览器中打开example2-5.html,运行效果如图2-6所示。

图2-6 while循环语句计算1+2+3+…+100的和

需要注意的是，如果循环条件的判断一直为 true 时，则会出现死循环，因此在开发设计中一定要设置好循环的出口，也就是退出循环的方法。在使用循环语句时一定要注意设置好循环三要素。

2.6.2　do...while 循环语句

do...while 语句可以说是 while 语句的另一种形式，它们的区别在于 while 语句是先判断循环条件后执行循环体，而 do...while 语句会无条件执行一次循环体后再判断循环条件。语法格式如下：

```
do{
   循环体
}while( 循环条件 );
```

while 关键字后为循环条件，当条件表达式计算结果为 true 时，则执行"{}"中的循环体，当循环条件为 false 时，结束循环。

【实例 2-6】使用 while 语句计算 1+2+3+…+100 的和。

（1）新建页面 example2-6.html，在 <body> 标签插入 <script> 标签后，输入以下代码：

```
1  var num=1,sum=0;        // 设置循环变量和结果变量
2  do{
3     sum=sum+num;         // 结果累加
4     num++;               // 循环变量的改变
5  }while(num<=100)        // 循环条件
6  document.write("1+2+3+...+100 的和为 :"+sum);
```

（2）保存后，在浏览器中打开 example2-6.html，运行结果与实例 2-5 一致。

本例中，不管是使用 while 语句或者是使用 do...while 语句，结果是一致的，但是这种结果一致的情况是基于循环条件为 true 的情况下。如果循环条件一开始就为 false 时，两个语句就有区别了，do...while 语句会无条件执行一次循环体后再判断循环条件。例如把上述例子中循环语句的条件修改为 num==100 再运行，两个语句的运行结果就不一样了，使用 while 语句的结果为 0，而使用 do...while 语句的结果为 1，如图 2-7 所示。因此，大家在使用循环语句时要慎重选择 do...while 循环语句，以防程序出错。

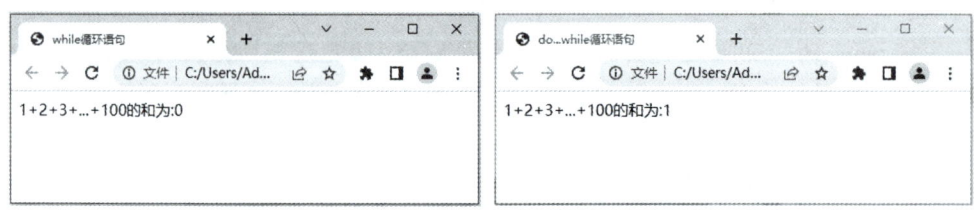

图 2-7　while 循环语句与 do...while 循环语句的对比

2.6.3　for 循环语句

for 语句提供了一种比 while 语句更加方便的循环控制结构，用 for 循环来重复执行

一些代码的好处是循环控制结构更加清晰，格式如下：

```
for ( 循环变量 ; 循环条件 ; 改变循环变量 ) {
   循环体;
}
```

对比 while 循环语句，for 循环语句的格式更一目了然。在 for 关键字后的括号中，是循环的三要素，分别用 ";" 分隔。这里需要注意的是括号中的每个元素都可以为空，但是必须保留 ";"，当每个元素都为空时，则代表循环条件永远满足，从而进入死循环状态。

【实例 2-7】使用 for 语句计算 1+2+3+…+100 的和。

（1）新建页面 example2-7.html，在 <body> 标签插入 <script> 标签后，输入以下代码：

```
1  sum=0;
2  for (var i = 0; i <=100; i++) {
3     sum=sum+i;
4  }
5  document.write("1+2+3+...+100 的和为 :"+sum);
```

（2）保存后，在浏览器中打开 example2-7.html，运行结果与实例 2-5 一致。

通过上述实例可以看出，三种循环语句的计算结果都是一样的，但是也各有优点，其中 for 循环语句比较适合使用在循环次数已知的情况，而 while 循环语句比较适合使用在循环次数未知的情况。

2.6.4　嵌套循环

在一个循环体语句中又包含另一个循环语句，称为循环嵌套。内嵌的循环中还可以嵌套循环，这就是多层循环。

【实例 2-8】按输入行数打印星号直角三角形，如图 2-8 所示。

图 2-8　星号三角形

分析三角形的形状，三角形的大小由用户输入的数字控制，每行打印的 "*" 则由行数来控制，例如：第 1 行 1 个，第 2 行 2 个。找准规律之后可以采用嵌套循环解决，其中一个循环控制打印行数，另一个循环控制每行打印 "*" 的个数。

（1）新建页面 example2-8.html，在 <body> 标签插入 <script> 标签后，输入以下代码：

```
1  row=parseInt(prompt( "请输入打印的星号三角形行数" ))
2  for (var i = 0; i <=row; i++) {          // 外层循环
```

```
3      for (var j = 0; j <=i; j++) {        // 内层循环
4          document.write(" * ");           // 打印 * 号
5      }
6      document.write("<br>");              // 打印完一行 * 号之后换行
7  }
```

在这个例子中使用了两层循环嵌套，也就是在 for 循环语句中还有 for 循环语句，外层的 for 循环执行一次，那么内层的 for 循环就要执行一次满足条件的完整循环。在进行循环变量设置时，不同循环之间的循环变量不能相同，一般默认使用 i、j、k 作为循环变量。

（2）保存后，在浏览器中打开 example2-8.html，运行效果如图 2-9 所示。

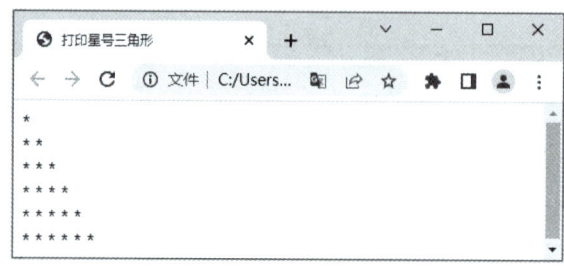

图 2-9　星号三角形

任务 2.7 实施情况表

任务名称	跳转语句		任务难度	★★★☆☆	
任务简介	理解 break、continue 语句的作用、具体用法与区别				
专　业		班　级		组　长	
组　员		实施日期		年　月　日	
任务要求	1. 使用 break 语句计算 1+2+3+…+100 的和，当输入 1～100 之间的数值时停止计算，并输出 1 到该数值累加的结果。 2. 使用 continue 语句计算 1+3+5+…+99 的和				

观测点		等级				自评	互评	教师评
		A	B	C	D			
课堂表现	学习态度	课前充分预习、课中积极主动、具有探索意识，表现优秀	能完成课前预习、课中认真听课、理解知识点，表现良好	简单预习、课中偶尔开小差、知识点掌握一般，表现一般	没有预习、课中基本不听课，表现较差			
	回答问题	对问题的理解到位，能准确回答问题，并能做到举一反三	对问题的理解到位，基本上能回答正确	对问题理解一般，需要提示才能回答	不理解问题意思，无法回答问题			
知识掌握	break 语句	能够熟练掌握 break 语句的用法，实现任务要求 1	基本掌握 break 语句的用法，勉强能够实现任务要求 1	理解 break 语句的用法，但是不能实现任务要求 1	不理解 break 语句的用法，也不能实现任务要求 1			
	continue 语句	能够熟练掌握 continue 语句的用法，实现任务要求 2	基本掌握 continue 语句的用法，勉强能够实现任务要求 2	理解 continue 语句的用法，但是不能实现任务要求 2	不理解 continue 语句的用法，也不能实现任务要求 2			

任务 2.7　跳 转 语 句

跳转语句可以让解释器跳转到程序的其他部分继续执行，常用的跳转语句有 break 语句和 continue 语句。

2.7.1　break 语句

单独使用 break 语句的作用是立即退出最内层的循环或 switch 语句。

【实例 2-9】计算 1+2+3+⋯+100 的和，当输入 1～100 之间的数值时停止计算，并输出 1 到该数值累加的结果。

（1）新建页面 example2-9.html，在 <body> 标签插入 <script> 标签后，输入以下代码：

```
1  num=parseInt(prompt(" 请输入 1-100 之间的特定计算累计数值 "));
2  sum=0;
3  for (var i = 0; i <=100; i++) {
4    sum=sum+i;
5    if (i==num) {  // 加入条件判断，当循环变量与输入的特定数值相等就执行 break 语句终止循环
6      break;
7    }
8  }
9  document.write("1+2+3+...+"+num+" 的和为 :"+sum);
```

（2）保存后，在浏览器中打开 example2-9.html，运行效果如图 2-10 所示。

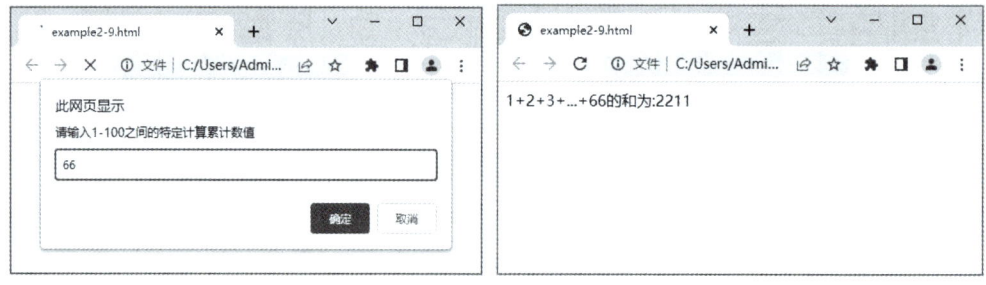

图 2-10　break 语句的使用

在这个例子中，按 1+2+3+⋯+100 进行累加，当 i 与输入的数值相等时，break 语句则会跳出循环不再继续执行循环了。需要注意的是，虽然 break 语句是在 if 语句块中，但实际上 break 语句只有出现在循环语句或 switch 语句中才合法，单独出现在其他语句中是会报错的。

2.7.2　continue 语句

continue 语句和 break 语句非常类似，但它不是退出循环，而是转而执行下一次循环，也可以说是跳过一次循环。

【实例 2-10】计算 1+3+5+⋯+99 的奇数和。

（1）新建页面 example2-10.html，在 <body> 标签插入 <script> 标签后，输入以下代码：

```
1  sum=0;
2  for (var i = 0; i <=100; i++) {
3    if (i%2==0) {         // 当循环变量除以 2 的余数为 0 时，代表偶数，则跳过本次循环，
                           // 执行下一次循环
4      continue;
5    }
6    sum=sum+i;
7  }
8  document.write("1+3+5+...+99 的和为 :"+sum);
```

（2）保存后，在浏览器中打开 example2-10.html，运行效果如图 2-11 所示。

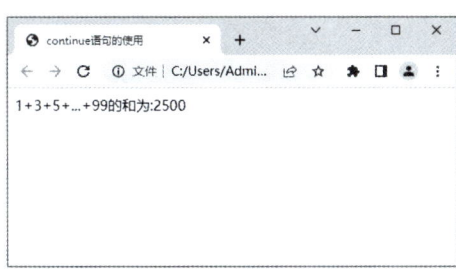

图 2-11　continue 语句的使用

该实例在循环中使用了 continue 语句。在 i 的值为偶数时，除以 2 的余数为 0，则跳过本次循环，不再执行循环体中后面的语句。

从两个语句的用法来看，continue 语句与 break 语句的区别是：break 语句是结束整个循环体，continue 只是结束单次循环。但是，需要注意的是，在执行 continue 语句时，表现出了两种不同类型的循环：在 while 循环中，会先判断条件，如果条件为 true，循环再执行一次；在 for 循环中，改变循环变量要素（如 i++）会先计算，然后再判断条件是否为 true，之后决定是否执行迭代。此外，break 语句和 continue 语句都可应用于可选的标签引用，在本书中不进行讲解，可查询其他资料。

小　　结

本章主要介绍了 JavaScript 中变量的使用方法、常见的数据类型和数据类型转换，同时介绍了 JavaScript 的分支结构和循环结构，重点讲解了 if 语句、for 循环语句的使用，以及两个跳转语句 break 语句和 continue 语句的使用。

课　后　练　习

一、选择题

1．以下变量名中，合法的是（　　　）。

　　A．break　　　　B．3num　　　　　C．helloMessage　　D．the sum

2．执行代码 var a; alert(a); 页面运行的结果是（　　　）。

  A．报错　　　　B．a is not define　　C．undefined　　　D．0

3．Number(true) 返回值为（　　　）。

  A．true　　　　B．1　　　　　　　C．0　　　　　　　D．NaN

4．isNaN(520) 的结果是（　　　）。

  A．true　　　　B．false　　　　　　C．0　　　　　　　D．undefined

5．（　　　）语句是根据具体的值或表达式计算出来的结果做等值判断，如匹配则执行其中的一个语句块，如果没有匹配的值，则执行默认语句块。

  A．switch…case　　　　　　　　　B．if…else
  C．if　　　　　　　　　　　　　　D．for

6．无论循环条件是否成立，（　　　）语句至少执行一次循环体。

  A．for　　　　　B．if…else　　　　　C．while　　　　　D．do…while

7．运行 alert("11">"5"); 语句的结果是（　　　）。

  A．false　　　　B．true　　　　　　C．return　　　　　D．switch

8．分析下面的 Javascript 代码段，输出结果是（　　　）。

```
var s1=parseInt("80K 扩音器 ");
document.write(s1);
```

  A．NaN　　　　　　　　　　　　　B．80K 扩音器
  C．80　　　　　　　　　　　　　　D．出现脚本错误

9．在 JavaScript 中，下面变量的声明和赋值语句错误的是（　　　）。

  A．x = 10;　　　　　　　　　　　　B．int x = 10;
  C．var x = 10;　　　　　　　　　　D．var x,y,x = 10;

10．在 JavaScript 中，运行下面代码后，sum 的值是（　　　）。

```
var sum=0;
for(var i=1;i<10;i++){
  if(i%5==0)
    break;
  sum=sum+i;
}
```

  A．30　　　　　B．5　　　　　　　　C．50　　　　　　　D．10

二、填空题

1．现有语句 var x=0; while(_____) x+=2;，要使 while 循环体执行 10 次，空白处的循环判定式应填写 _____。

2．执行 alert(null==undefined); 的结果是 _____。

3．结束本次循环，进入下一次循环的关键字是 _____。

4．执行代码 var x,i=10; x=i++; 后，x 的值是 _____。

5．数据类型 Infinity 的描述是 _____。

实训 2 实施情况表

任务名称	猜数字游戏		任务难度	★★★☆☆
任务描述	系统随机生成一个 1～100 的数，然后让玩家猜数，若玩家猜对该数，则提示游戏结束；若玩家猜得不对，则需要告知玩家数字猜大了还是猜小了，直到猜对并提示玩家是否继续游戏，如果玩家单击"确定"按钮继续游戏，否则退出游戏			
专　　业		班　　级		组　　长	
组　　员		实施日期		年　　月　　日	

观测点	完成内容	自评	互评	教师评
实训任务所涉及的知识点				
实训任务操作思路				

实训 2　猜数字游戏

猜数字游戏的要求：
（1）生成一个 1～100 的随机整数。
（2）用户输入 1～100 的整数，确定后提示所输入的数字是大了还是小了，然后继续输入，直到猜对结束游戏；
（3）结束后弹出对话框提示是否要继续游戏。

实现思路：
（1）新建一个页面 example2-11.html，插入 <script> 标签后，首先使用 Math.random() 方法生成 0～1 的随机小数（不包括 0 和 1），放大 100 倍后，再使用 parseInt() 函数取整并对该数加 1，从而得到一个 1～100 的随机整数。
（2）制作第一个循环进行猜数字，这里采用 do...while 循环，先获取用户输入的数字，然后再判断是否相等。
（3）制作第二个循环包含之前的代码，并使用 flag 作为标志变量，在第一个循环结束前弹出 confirm() 询问用户是否继续，确定则将 flag 修改为 true，继续游戏，取消则将 flag 修改为 false，退出游戏。

代码如下：

```
1   var flag = true;
2     do{
3       var num = parseInt(Math.random() * 100) + 1;
4       do {
5         var guess = parseInt(prompt(" 请输入 1-100 之间的整数 "));
6         if (guess > 100 || guess < 0 || isNaN(guess)) {
7           alert(" 你输入的不是 1-100 之间的整数 , 请检查后重新输入 !");
8         } else {
9           if (guess > num){
10            alert(" 你猜的数字大了！请再猜。");
11            continue;
12          }
13          if (guess < num){
14            alert(" 你猜的数字小了！请再猜。");
15            continue;
16          }
17        }
18      } while (guess != num);
19      alert(" 你猜对了！数字是 :" + num);
20      flag = confirm(" 请问是否要继续游戏 ?");
21    }while (flag);
```

(4)保存后,在浏览器中打开 example2-11.html,运行效果如图 2-12 所示。

图 2-12 猜数字游戏

项目 3 JavaScript 函数

能力目标

★ 掌握函数的声明方式。
★ 理解函数的参数。
★ 掌握函数的调用方法和返回值。
★ 理解变量的作用域。
★ 掌握匿名函数。
★ 掌握闭包函数。

思政目标

★ 引导学生掌握一般到特殊、简单到复杂的辩证关系。
★ 培养学生大国工匠精神，树立科技报国的远大理想。

素质目标

★ 培养探究能力和创新意识。
★ 增强分析问题和解决问题的能力。

项目思维导图

任务 3.1 实施情况表

任务名称	函数			任务难度	★★★☆☆	
任务简介	掌握函数的声明方式，理解函数的各个组成部分与具体应用以及变量的作用域					
专　　业			班　　级		组　　长	
组　　员			实施日期		年　　月　　日	
任务要求	1．定义无参函数和有参函数，并分别用三种方法调用函数。功能为：①无参函数功能为弹出对话框，显示"同学们，欢迎登录！"；②有参函数功能为获取2个数，比较大小，将大的数输出；③分别采用三种方法调用函数。 2．利用函数求任意两个数的最大值并获取返回值					

观测点		等级				自评	互评	教师评
		A	B	C	D			
课堂表现	学习态度	课前充分预习、课中积极主动、具有探索意识，表现优秀	能完成课前预习、课中认真听课、理解知识点，表现良好	简单预习、课中偶尔开小差、知识点掌握一般，表现一般	没有预习、课中基本不听课，表现较差			
	回答问题	对问题的理解到位，能准确回答问题，并能做到举一反三	对问题的理解到位，基本上能回答正确	对问题理解一般，需要提示才能回答	不理解问题意思，无法回答问题			
知识掌握	函数的声明	充分理解并数量掌握函数的作用与具体声明方式	基本理解和掌握函数的作用与具体声明方式	理解函数的作用，但对函数的声明方式不太理解	不理解函数的作用与具体声明方式			
	函数的参数	熟练掌握函数中参数的作用与具体使用方法	基本掌握函数中参数的作用与具体使用方法	不太理解函数中参数的作用与具体使用方法	不理解函数中参数的作用与具体使用方法			
	函数的调用	熟练掌握函数调用的方法，实现任务要求1	基本掌握函数的调用方式，实现任务要求1	在指导下能够实现任务要求1	未能按要求完成操作			
	函数的返回值	熟练掌握函数返回值的作用，实现任务要求2	基本掌握函数返回值的作用，实现任务要求2	在指导下能够实现任务要求2	未能按要求完成操作			
	变量的作用域	充分理解全局变量、局部变量和块级变量的不同	基本理解全局变量、局部变量和块级变量的不同	不太理解全局变量、局部变量和块级变量的不同	不理解全局变量、局部变量和块级变量的不同			

任务 3.1 函　　数

在进行程序设计时会出现很多相同的代码，或者是功能类似的代码，这些代码经常需要重复使用。在 JavaScript 中，可以使用函数对代码进行封装，也就是把这些实现功能类似的代码封装起来，对外只提供一个简单函数接口，用户调用就可以通过函数计算不同的结果。

3.1.1 函数的声明

函数是用户根据所需功能任务自行创建的一段可以重复使用的语句块。函数可以接收外部传递的参数，通过不同的参数获取不同的结果。自定义函数的声明方式和示例如下：

```
function 函数名 ([ 参数 1]，[ 参数 2]，...){
    函数体；
    [return 返回值 ];
}
function fun(){
    alert(" 这是一个函数 ");
}
```

function 是声明函数的关键字，函数名的使用与变量名的规则一致，函数可以设置 0 个或者多个参数，参数间用逗号间隔。函数体是实现函数功能的语句块，语句块可以包含若干语句，甚至可以没有任何语句。一旦执行到 return 时，函数就执行完毕，并将结果返回。return 语句不是必需的，如果没有 return 语句，函数执行完毕后也会返回结果，只是结果为 undefined。

3.1.2 函数的参数

函数在定义时可以根据参数的不同分为无参函数和有参函数两种类型。无参函数指的是在函数调用过程中不需要提供参数进行计算；有参函数则是在定义函数时添加参数，一个函数的参数可以有 0 个或者多个，每个参数间使用逗号分隔。

1. 无参函数

```
function fun(){
    alert(" 这是一个函数 ");
}
```

2. 有参函数

```
function Add(num1,num2){
    return num1+num2;
}
```

函数的参数分为形参和实参。在函数声明时，在函数名称后面的括号中添加的参数称为形参（形参又称为形式参数，因为函数还没有被调用，还不确定使用什么数值来执行函数）；当调用函数时，需要给函数传递的参数称为实参（实参又称为实际参数，函数被调用，确定了函数具体计算的数值）。

当实参数量多于形参数量时,函数可以正常执行,多余的实参由于没有形参接收,会被忽略,除非用其他方法获取。当实参数量少于形参数量时,多出来的形参就类似一个已经声明但没有赋值的变量,值是 undefined。

3.1.3 函数的调用

当函数定义完成后,要在页面中使用函数,则必须调用这个函数。在函数调用时,必须制定函数名及其所需要的参数。根据函数调用的位置分为下列 3 种情况:

1. 直接调用

函数在脚本中直接调用,格式为:

函数名 ();

2. 事件调用

函数与元素的事件响应相结合调用,格式为:

事件名 =" 函数名 ()";

这种方法必须在元素中添加事件属性,通过事件属性绑定函数调用。例如:在 <body> 标签中添加按钮,单击按钮调用函数。

3. 元素事件调用

函数在脚本中通过元素事件调用,格式为:

事件名 = 函数名;

【实例 3-1】定义无参函数和有参函数,并分别用三种方法调用函数。功能为:①无参函数功能为弹出对话框,显示"同学们,欢迎登录!";②有参函数功能为获取 2 个数,比较大小,将大的数输出;③分别采用三种方法调用函数。

(1)在 HBulider X 新建一个页面 example3-1.html,插入以下代码:

```
1   <!DOCTYPE html>
2   <html>
3     <head>
4       <meta charset="utf-8">
5       <title> 函数的声明与调用 </title>
6       <script type="text/javascript">
7         function Notice() {
8           alert(" 同学们 , 欢迎登录 !");
9         }
10        function Max(num1,num2) {
11          if (num1>num2) {
12            alert("2 个数的最大值为 :"+num1);
13          } else{
14            alert("2 个数的最大值为 :"+num2);
15          }
16        }
17      </script>
18    </head>
19    <body>
20      <button type="button" onclick=""> 单击运行函数调用 </button>
```

```
21        <a href=""> 单击运行函数调用 </a>
22    </body>
23  </html>
```

（2）直接调用。在脚本第 17 行代码前，插入 Notice() 函数和 Max(11,33) 函数进行函数的直接调用。

```
Notice();              // 无参脚本直接调用
Max(11,33);            // 有参脚本直接调用
```

（3）事件调用。将脚本第 20 行和 21 行代码修改为：

```
<button type="button" onclick="Notice()"> 单击运行函数调用 </button>
<a href="JavaScript:Max(11,33)"> 单击运行函数调用 </a>
```

在 <button> 标签中的 onclick 属性输入函数名 Notice()，在 <a> 标签中的 href 属性输入 JavaScript:Max(11,33)，这种在事件中调用函数的方式实际上就是项目 1 中引入 JavaScript 方式的行内式，这也是页面元素与 JavaScript 脚本相结合的方式。

（4）元素事件调用方式。在脚本第 17 行代码前插入以下代码：

```
window.onload=Notice;    // 页面加载事件调用
```

window.onload 方法用于在网页加载完毕后立刻执行的操作，即当 HTML 文档加载完毕后，立刻执行某个方法，这时候的函数调用不用加括号。

（5）保存后，依次在浏览器中打开 example3-1.html 调试，运行效果如图 3-1 所示。

图 3-1　函数的声明与调用

如果在一个页面中出现两个相同的函数声明，后面的函数声明就会覆盖前面的函数声明。

```
function fun() {              // 第一次声明函数
    alert(' 第一个声明 ');
}
fun();                        // 第一次调用函数
function fun() {              // 第二次声明函数
    alert(' 第二个声明 ');
}
fun();                        // 第二次调用函数
```

上述代码中进行了两次同名函数的声明和调用，该代码的结果是弹窗显示"第二个声明"，这是因为函数名的提升，前一次声明在任何时候都是无效的，这一点要特别注意。

函数名提升是指在 JavaScript 中将函数名视为变量名，所以采用 function 命令声明函数时，整个函数会像变量声明一样，被提升到代码头部。所以，函数的调用在函数

声明之前也不会出错。但是，如果采用赋值语句定义函数，JavaScript 就会报错。

3.1.4 函数的返回值

函数体内部的 return 语句，表示返回。在函数中遇到 return 语句时，就直接返回 return 后面表达式的值，后面即使还有语句，也不会被执行。也就是说，return 语句所带的表达式，就是函数的返回值。 return 语句不是必需的，如果没有的话，该函数就不返回任何值，或者说返回 undefined。

【实例 3-2】利用函数求任意两个数的最大值并获取返回值。

（1）在 HBulider X 新建一个页面 example3-2.html，插入 <script> 标签后，输入以下代码：

```
1   var num1=parseFloat(prompt(" 请输入第一个数 "));
2   var num2=parseFloat(prompt(" 请输入第二个数 "));
3   function Max(num1,num2) {
4     if (num1>num2) {
5       return num1;
6     } else{
7       return num2;
8     }
9   }
10  function fun() {
11  }
12  var max=Max(num1,num2);        // 调用函数，并用变量 max 接收函数返回值
13  var fun=fun();                 // 调用函数，并用变量 fun 接收函数返回值
14  alert("Max() 函数的返回值是 :"+max);
15  alert("fun() 函数的返回值是 :"+fun);
```

函数的调用一般分为两种情况：一种是将结果显示；另一种是要将函数调用的结果另作他用，这时就需要用变量接收函数的返回值。当函数有返回值时，使用变量 max 接收 Max() 函数调用的返回值，如果函数有返回值，但没有接收处理，那么函数调用了也没有任何意义。

（2）保存后，在浏览器中打开 example3-2.html，运行效果如图 3-2 所示。

图 3-2　函数的返回值

3.1.5 变量的作用域

在程序设计中，变量需要先声明后使用，但并不意味着变量在声明之后就可以在

任意位置使用了。例如，在函数中定义的变量是不能在函数外使用的，变量需要在它的作用范围内才可以被使用，这个作用范围就称为变量的作用域。根据作用域使用的范围不同，可以划分为全局作用域、函数作用域和块级作用域，对应作用域声明的变量也就称为全局变量、局部变量和块级变量。

（1）全局变量。不在任何函数内部声明的变量，在同一个页面文件中所有脚本都可以使用。

（2）局部变量。在函数体内用 var 关键字声明的变量，仅在声明变量的函数体内有效，不同的函数体声明的变量可以相同。

（3）块级变量。使用 ES6 提供的 let 关键字声明的变量，仅在 if、while、for 等语句块中起作用。

需要特别说明的是，当全局变量与局部变量的名称相同的情况，它们之间是互不影响的，例如在实例 3-2 中，全局变量 num1、num2 和 Max() 函数中的局部变量 num1、num2 的名称相同，但是它们互不影响。

任务 3.2 实施情况表

任务名称	匿名函数			任务难度	★★★☆☆		
任务简介	掌握匿名函数的声明方式与调用方法						
专　　业			班　　级		组　　长		
组　　员			实施日期		年　　月　　日		
任务要求	利用函数表达式声明一个计算圆面积的匿名函数和利用事件调用声明一个弹窗函数						

观测点		等级				自评	互评	教师评
		A	B	C	D			
课堂表现	学习态度	课前充分预习、课中积极主动，具有探索意识，表现优秀	能完成课前预习、课中认真听课、理解知识点，表现良好	简单预习、课中偶尔开小差、知识点掌握一般，表现一般	没有预习、课中基本不听课，表现较差			
	回答问题	对问题的理解到位，能准确回答问题，并能做到举一反三	对问题的理解到位，基本上能回答正确	对问题理解一般，需要提示才能回答	不理解问题意思，无法回答问题			
知识掌握	匿名函数声明	充分理解和掌握匿名函数的作用与具体声明方式	基本理解和掌握函数的作用与具体声明方式	理解函数的作用，但对函数的声明方式不太理解	不理解函数的作用与具体声明方式			
	匿名函数调用	充分掌握匿名函数调用方法，轻松完成任务要求	基本掌握匿名函数调用方法，完成任务要求	不太理解匿名函数的调用方法，在指导下可以完成任务要求	不理解匿名函数的调用方法，未能按要求完成操作			

任务 3.2 匿 名 函 数

匿名函数指的是没有名称的函数，是使用函数的另一种方式。

1. 匿名函数声明

匿名函数声明的方法有函数表达式和事件调用两种，格式如下：

```
var 变量名 =function ([ 参数 1]，[ 参数 2]，...){ // 函数表达式声明
    函数体；
    [return 返回值 ]；
}
window.onload=function ([ 参数 1]，[ 参数 2]，...){ // 事件调用声明
    函数体；
}
```

2. 匿名函数调用

由于匿名函数的声明（包括函数体）可以通过赋值的方式传递给变量进行存储和通过事件触发，因此可用变量名或事件名调用匿名函数。

【实例 3-3】利用函数表达式声明一个计算圆面积的匿名函数和利用事件调用声明一个弹窗函数。

（1）在 HBulider X 新建一个页面 example3-3.html，插入 <script> 标签后，输入以下代码：

```
1  var cirle_area=function (r) {
2      alert(" 半径为 "+r+" 的圆的面积是 :"+(r*r*3.14));
3  }
4  cirle_area(10);   // 通过变量名调用
5  window.onload=function () {   // 通过 window.onload 事件调用
6      alert(" 我是通过事件调用的匿名函数 ");
7  }
```

匿名函数的整个语句可以赋值给某个变量。本例中将匿名函数声明赋值给了变量 cirle_area，在调用时与普通函数调用差不多，需要在变量名后加括号，如果有参数也必须加入参数。

另一个匿名函数声明时赋值给 window 对象的页面加载事件，当页面元素加载完成后执行函数，在事件调用函数中一般不设置参数和返回值，除了 window 对象事件以外，还可以为其他对象如页面、按钮、文本框等声明匿名函数使用，比较灵活方便。

（2）保存后，在浏览器中打开 example3-3.html，运行效果如图 3-3 所示。

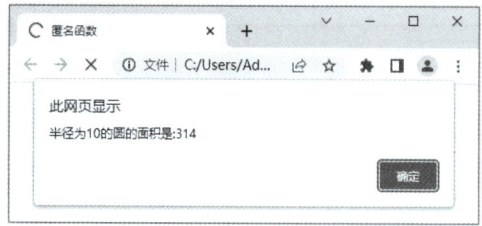

图 3-3 匿名函数的声明与调用

任务 3.3 实施情况表

任务名称	闭包函数			任务难度	★★★★☆		
任务简介	掌握闭包函数的创建和使用方法						
专　业				班　级		组　长	
组　员				实施日期		年　月　日	
任务要求	掌握闭包函数的创建和使用方法						

观测点		等级				自评	互评	教师评
		A	B	C	D			
课堂表现	学习态度	课前充分预习、课中积极主动、具有探索意识，表现优秀	能完成课前预习、课中认真听课、理解知识点，表现良好	简单预习、课中偶尔开小差、知识点掌握一般，表现一般	没有预习、课中基本不听课，表现较差			
	回答问题	对问题的理解到位，能准确回答问题，并能做到举一反三	对问题的理解到位，基本上能回答正确	对问题理解一般，需要提示才能回答	不理解问题意思，无法回答问题			
知识掌握	闭包函数的创建和使用方法	充分理解和掌握闭包函数的创建和使用方法	基本理解和掌握闭包函数的创建和使用方法	不太理解和掌握闭包函数的创建和使用方法	不理解闭包函数的创建和使用方法			

任务 3.3　闭 包 函 数

在 JavaScript 中，内嵌函数可以访问定义在外层函数中的所有变量和函数，并包括其外层函数能访问的所有变量和函数。但是函数外部不能访问其内部函数的变量和嵌套函数，此时可以使用闭包函数来实现。

闭包函数就是有权访问另一函数作用域内变量的函数，其主要应用是可以在函数外部读取函数内部的变量，可以让变量的值始终保持在内存中。

常见的闭包函数创建方式就是在一个函数的内部创建另一个函数，通过另一个函数访问这个函数的局部变量。

【实例 3-4】闭包函数的创建和使用。

（1）在 HBulider X 新建一个页面 example3-4.html，插入 <script> 标签后，输入以下代码：

```
1  function add(num) {
2    var sum=function () {
3      return ++num;
4    };
5    return sum;
6  }
7  var count=add(1);   // 保存 add() 返回的函数，count 是第一个闭包函数
8  document.write(" 第一次执行 count 函数的结果："+count()+"<br>");       // 结果为 2
9  document.write(" 第二次执行 count 函数的结果："+count()+"<br>");       // 结果为 3
10   var total=add(10);  // 保存 add() 返回的函数，total 是第二个闭包函数
11   document.write(" 第一次执行 total 函数的结果："+total()+"<br>");     // 结果为 11
12   document.write(" 第二次执行 total 函数的结果："+total()+"<br>");     // 结果为 12
```

本例中同一个函数运行两次后返回 2 个闭包函数，每个闭包函数按照不同的初始值进入运算，相互不干扰，这种模式主要是在不同模式中函数的不同运行状态，为开发提供便利。

（2）保存后，在浏览器中打开 example3-4.html，运行效果如图 3-4 所示。

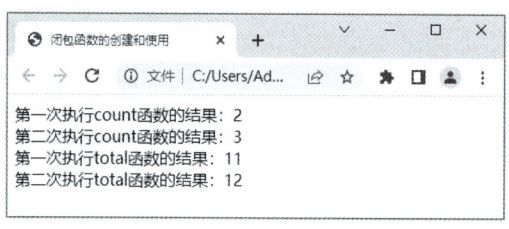

图 3-4　闭包函数的声明与使用

小　　结

本章主要介绍了 JavaScript 函数的声明和调用，函数的参数、返回值和变量的作

用域等知识，同时介绍了匿名函数和闭包函数，重点讲解了函数的调用、匿名函数等问题。

课后练习

一、选择题

1. 关于函数，以下说法错误的是（　　）。
   A．函数类似于方法，是执行特定任务的语句块
   B．可以直接使用函数名称来调用函数
   C．函数可以提高代码的重用率
   D．函数不能有返回值

2. JavaScript 语言中定义变量的关键字是 var，在声明（　　）变量时，可以不用写 var。
   A．局部变量　　　　　　　　B．全局变量
   C．全局或局部变量　　　　　D．报错

3. 以下声明函数方式中错误的是（　　）。
   A．function comp( ){ }　　　　B．window.onload=hellomessage;
   C．function calt{ }　　　　　　D．function message(a,b){ }

4. 在 JavaScript 中，定义函数时可以使用（　　）个参数。
   A．0　　　　B．1　　　　C．2　　　　D．任意

5. 如果有函数定义 function f(x,y){…}，那么正确的函数调用语句是（　　）。
   A．f 1 ,2　　B．f(1)　　　C．f(1,2)　　D．f(,2)

6. 在 JavaScript 函数的定义格式中，可以省略的组成部分是（　　）。
   A．函数名　　　　　　　　　B．指明函数的一对圆括号
   C．函数体　　　　　　　　　D．函数参数

7. 执行以下代码的结果是（　　）。
```
var x=10;
function add(num){
  var y=11;
  return x + num ;
}
  alert(add(7));
```
   A．17　　　　B．18　　　　C．0　　　　D．true

8. 在上题中，num 是（　　）。
   A．形式参数　　B．实际参数　　C．块级变量　　D．非参数

9. 声明函数的关键字是（　　）。
   A．var　　　　B．const　　　C．function　　D．let

10．window.onload=function( ){…} 中，定义了一个（　　）函数。

　　A．有参　　　　B．闭包　　　　C．系统　　　　D．匿名

二、填空题

1．函数的返回语句是 _____。

2．ES6 提供的 let 关键字声明的变量，仅在 _____ 中起作用。

3．常见的闭包函数创建方式就是 _____，通过另一个函数访问这个函数的局部变量。

4．函数在定义时可以根据参数的不同分为 _____ 和 _____ 两种类型。

5．函数是 _____ 的语句块。

实训 3 实施情况表

任务名称	制作简易四则运算计算器		任务难度	★★★☆☆	
任务描述	在页面中实现简易计算器，用户在页面输入第一个数和第二个数，单击相应操作符将操作结果显示在页面中				
专　　业		班　级		组　长	
组　　员		实施日期		年　　月　　日	

观测点	完成内容	自评	互评	教师评
实训任务所涉及的知识点				
实训任务操作思路				

实训 3　制作简易四则运算计算器

新建一个页面，在页面中添加 4 个按钮，实现如下效果：
（1）通过 prompt() 提示对话框分别输入 2 个数，并显示在页面。
（2）在页面单击运算符号，并将计算结果显示在页面。
实现思路：
（1）新建一个页面 example3-5.html，在 <body> 标签中添加 4 个按钮，并设计按钮的样式：

```
1  <!DOCTYPE html>
2  <html>
3    <head>
4      <meta charset="utf-8">
5      <title> 简易四则运算计算器 </title>
6      <style type="text/css">
7        button{
8          width: 60px;
9          height: 30px;
10          font-size: 20px;
11        }
12      </style>
13    </head>
14    <body>
15      <button type="button">+</button>
16      <button type="button">-</button>
17      <button type="button">×</button>
18      <button type="button">÷</button>
19    </body>
20  </html>
```

（2）在第 14 行位置插入 <script> 脚本，使用 prompt() 函数获取 2 个数并显示出来。

```
<script type="text/javascript">
  num1=parseFloat(prompt(" 请输入第一个数 "));
  num2=parseFloat(prompt(" 请输入第二个数 "));
  document.write(" 第一个数为 :"+num1);
  document.write("<br>");
  document.write(" 第二个数为 :"+num2);
  document.write("<br>");
  document.write(" 请选择你要进行的计算 :");
</script>
```

（3）在 <script> 脚本第 9 行插入 compute(op) 函数并传入操作符号，使用 switch 分支语句判断符号的类型进行相应的计算后将算式和结果输出。

```
function compute(op) {
  if (isNaN(num1)&&isNaN(num2)) {
    alert(" 输入的不是数字 , 请检查 !");
```

```
    } else{
      switch (op){
        case '+':result=num1+num2;
          break;
        case '-':result=num1-num2;
          break;
        case '×':result=num1*num2;
          break;
        case '÷':if(num2==0){
          alert("除数不能为零,请检查!");
        }else{
          result=num1/num2;
        }
          break;
      }
      document.write("运算结果为:"+num1+op+num2+"="+result);
    }
  }
```

（4）在按钮的属性中插入 onclick 属性,并对应运算符绑定函数和传入运算符号。

```
<button type="button" onclick="compute('+')">+</button>
<button type="button" onclick="compute('-')">-</button>
<button type="button" onclick="compute('×')">×</button>
<button type="button" onclick="compute('÷')">÷</button>
```

（5）保存后,在浏览器中打开 example3-4.html,运行效果如图 3-5 所示。

图 3-5　简易四则运算计算器

项目 4 JavaScript 对象

能力目标

★ 理解对象的含义。
★ 掌握对象的声明方式。
★ 掌握对象的属性和访问方法。
★ 掌握 JavaScript 中的 Math、Date 和 String 对象的使用方法。
★ 掌握 JavaScript 的 Array 对象（数组）的声明方式和使用方法。

思政目标

★ 培育和践行社会主义核心价值观。
★ 引导学生正确认识时代责任和历史使命。
★ 引导学生自觉将个人理想融入党和国家的事业中。

素质目标

★ 提高学生专业伦理判断力。
★ 增强理论指导实践能力。
★ 培养学生团结精神和合作能力。

项目思维导图

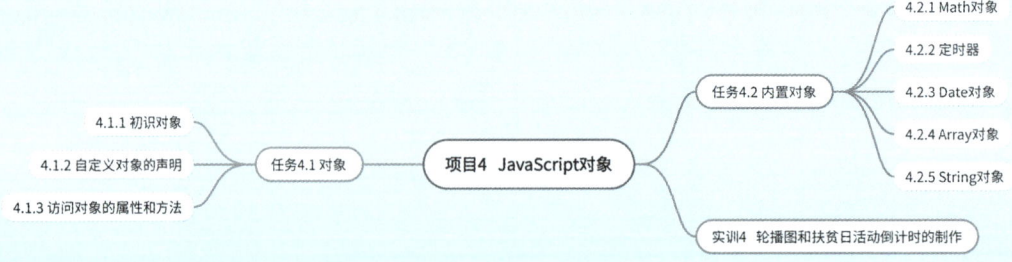

任务 4.1 实施情况表

任务名称	对象		任务难度	★★★☆☆	
任务简介	认识对象、能够使用 new Object() 构造函数的方法创建对象，掌握访问对象属性的方法				
专　　业		班　　级		组　　长	
组　　员		实施日期		年　　月　　日	
任务要求	使用 new Object() 构造函数的方法创建学生对象，为对象添加姓名、身高、体重、年龄的属性和计算 BMI（身体质量指数）的方法。创建新的学生对象，并对其属性和方法进行访问				

观测点		等级				自评	互评	教师评
		A	B	C	D			
课堂表现	学习态度	课前充分预习、课中积极主动、具有探索意识，表现优秀	能完成课前预习、课中认真听课、理解知识点，表现良好	简单预习、课中偶尔开小差、知识点掌握一般，表现一般	没有预习、课中基本不听课，表现较差			
	回答问题	对问题的理解到位，能准确回答问题，并能做到举一反三	对问题的理解到位，基本上能回答正确	对问题理解一般，需要提示才能回答	不理解问题意思，无法回答问题			
知识掌握	初识对象、自定义对象的声明	充分理解对象的含义，掌握自定义对象的声明方式	基本理解对象的含义和自定义对象的声明方式	针对对象的含义和自定义对象的声明方式不太理解	不理解对象的含义和自定义对象的声明方式			
	访问对象的属性和方法	充分掌握访问对象的属性和方法，能独立完成任务要求	基本掌握访问对象的属性和方法，完成任务要求	基本掌握访问对象的属性和方法，能在指导下完成任务要求	未能掌握访问对象的属性和方法，未能按要求完成操作			

任务 4.1 对 象

4.1.1 初识对象

对象是人们要进行研究的任何事物，从最简单的整数到复杂的飞机等均可看作对象，它不仅能表示具体的事物，还能表示抽象的规则、计划或事件。例如，在真实生活中，汽车是一个对象。汽车有车轮和车身颜色等属性，也有启动和停止的方法。所有汽车都拥有同样的属性，但属性值因车而异；所有汽车都拥有相同的方法，但是方法会在不同时间被执行。

在 JavaScript 中，对象是一种数据类型，它是由属性和方法组成的一个集合。属性指的是事物的特征，方法指的是事物的行为。JavaScript 中的对象也有好几种，如字符串、数值、数组、函数等。在代码中，属性可以看成是对象中保存的一个变量，方法可以看成是对象中保存的一个函数。

4.1.2 自定义对象的声明

声明一个自定义对象的方法有两种，分别是使用 {} 创建或使用 new Object() 创建。

1. 使用 {} 创建

使用 {} 创建对象时，实际上就是用 {} 来包裹对象中的成员，每个成员使用键值对 key:value 的形式来保存，key 表示属性名或方法名，value 表示对应的值，多个对象成员之间用逗号间隔。格式如下：

```
var 对象名 ={
    属性名 : 属性值 ,
    方法名 :function() {
        方法体 ;
    };
}
```

2. 使用 new Object() 创建

当需要创建多个对象时，还要将对象的每个成员都写一遍，这样的操作是比较麻烦的，因此可以采用 new Object() 构造函数的方式来创建自定义对象。通过在括号中传递参数，来创建不同属性的对象，如果没有参数，则括号可以省略。格式如下：

```
function 构造函数名 ([ 参数 ]){
    this. 属性名 = 属性值或参数 ;
    this. 方法名 =function (){
        方法体 ;
    };
}
var 对象名 =new 构造函数名 ([ 参数 ]);
```

this 关键字在多种程序设计语言中都存在，在 JavaScript 中，它表示函数运行时，在函数体内部自动生成的一个对象，只能在函数体内部使用。函数使用场合的不同，使得 this 在 JavaScript 中具备多重含义、有不同的值。它可以是全局对象、当前对象或任意对象，这完全取决于函数的调用方式。总的来说，this 就是函数运行时所在的环境对象，一般有以下三种情况：

（1）使用 new 关键字将函数作为构造函数调用时，构造函数内部的 this 指向新创建的对象。

（2）直接通过函数名调用函数时，this 指向的是全局对象（在浏览器中表示 window 对象）。

（3）如果将函数作为对象的方法调用，this 将会指向该对象。

4.1.3 访问对象的属性和方法

对象创建好之后就可以访问对象的属性和方法，格式如下：

```
对象名.属性名;
对象名["属性名"];
对象名.方法名();
对象名["方法名"]();
```

JavaScript 中的对象具有动态特征，如果一个对象的成员缺少了，可以通过手动赋值属性或方法来添加成员，格式如下：

```
对象名.属性名=值;
对象名.方法名=function(){
    方法体;
}
```

【实例 4-1】使用 new Object() 构造函数的方法创建学生对象，为对象添加姓名、身高、体重、年龄的属性和计算 BMI（身体质量指数）的方法。创建新的学生对象，并对其属性和方法进行访问。

（1）在 HBulider X 新建一个页面 example4-1.html，在 <script> 标签中，输入声明自定义对象的代码：

```
1  // 创建 Student 构造函数
2  function Student(name,age,height,weight){
3      this.name=name;
4      this.age=age,
5      this.height=height,
6      this.weight=weight,
7      this.stuBMI=function () {
8          bmi=this.weight/(this.height*this.height);
9          document.write(" 你的身体质量指数为 :"+bmi);
10     }
11 }
12 var stu1=new Student(" 张三 ",19,1.7,70);
13 document.write(" 学生的姓名是 :"+stu1.name);        // 读取 stu1 对象的 name 属性
14 document.write("<br>");
15 document.write(" 学生的年龄是 :"+stu1.age+" 岁 ");   // 读取 stu1 对象的 age 属性
16 document.write("<br>");
```

```
17  stu1.stuBMI();                                    // 调用 stud1 对象的方法
18  document.write("<br>");
19  var stu2=new Student(" 李四 ",20,1.85,80);
20  document.write(" 学生的姓名是 :"+stu2.name);        // 读取 stu2 对象的 name 属性
21  document.write("<br>");
22  document.write(" 学生的年龄是 :"+stu2.age+" 岁 "); // 读取 stu2 对象的 age 属性
23  document.write("<br>");
24  stu2.stuBMI();                                    // 调用 stud2 对象的方法
```

（2）保存后，在浏览器中打开 example4-1.html，运行效果如图 4-1 所示。

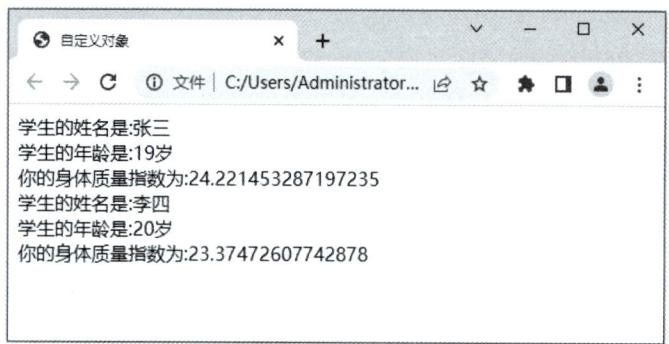

图 4-1　创建自定义对象

本例中，构造函数中的 this 表示新创建的对象。在构造函数中可以通过 this 来为新创建的对象添加属性和方法，因此在对象方法中使用 this.weight 就可以访问对象的 weight 属性。

任务 4.2 实施情况表

任务名称	内置对象		任务难度	★★★☆☆
任务简介	掌握 JavaScript 中常用内置对象的使用方法，包括 Math、Date、Array、String			
专　　业		班　　级		组　　长	
组　　员		实施日期		年　　月　　日	
任务要求	1. 假设班上有 50 名同学，制作一个随机点名器，单击"开始"按钮，数字开始滚动；单击"停止"按钮，数字停止滚动。 2. 为网页制作一个时间显示器，可以动态显示当前的系统时间，时间格式为"××××年××月××日 00:00:00"。 3. 创建一个数组并完成如下操作：输出原数组；将数组中的每个元素放大 10 倍；在数组末尾添加一个元素；排序后输出数组；使用 '-' 连接数组元素并输出；倒序输出数组。 4. 以社会主义核心价值观个人层面的内容创建中英文字符串，完成如下操作：分别计算两个字符串的长度；分别返回两个字符串索引为 1 的字符；中文字符串返回"敬业"的位置，英文字符串返回"Integrity"的位置；分别转化两个字符串的大小写；利用两种不同的字符串截取方法对两个字符串的进行截取；将字符串转换为数组			

观测点		等级				自评	互评	教师评
		A	B	C	D			
课堂表现	学习态度	课前充分预习、课中积极主动、具有探索意识，表现优秀	能完成课前预习、课中认真听课、理解知识点，表现良好	简单预习、课中偶尔开小差、知识点掌握一般，表现一般	没有预习、课中基本不听课，表现较差			
	回答问题	对问题的理解到位，能准确回答问题，并能做到举一反三	对问题的理解到位，基本上能回答正确	对问题理解一般，需要提示才能回答	不理解问题意思，无法回答问题			
知识掌握	Math 对象和定时器	熟练使用 Math 对象与定时器完成随机点名器的制作	基本会使用 Math 对象与定时器完成随机点名器的制作	在指导下使用 Math 对象与定时器完成随机点名器的制作	未能按要求完成操作			
	Date 对象	熟练使用 Date 对象完成时间显示器，并动态显示系统时间	基本会使用 Date 对象完成时间显示器，并动态显示系统时间	在指导下使用 Date 对象完成时间显示器，并动态显示系统时间	未能按要求完成操作			
	Array 对象	熟练使用 Array 对象实现数组的相关操作	基本会使用 Array 对象实现数组的相关操作	在指导下使用 Array 对象实现数组的相关操作	未能按要求完成操作			
	String 对象	熟练使用 String 对象实现字符串的相关操作	基本会使用 String 对象实现字符串的相关操作	在指导下使用 String 对象实现字符串的相关操作	未能按要求完成操作			

任务 4.2　内置对象

内置对象就是指 JavaScript 中自带的一些对象，这些对象供开发者使用，并提供了一些常用的或最基本而必要的功能（属性和方法）。内置对象最大的优点就是帮助开发人员快速开发。JavaScript 提供了多个内置对象，如 Math、Date、Array、String 等。

4.2.1　Math 对象

Math 对象是数学对象，具有数学常数和函数的属性和方法，跟数学相关的运算（求绝对值、取整、最大值等）可以使用 Math 中的成员。它不是构造函数，不需要实例化对象。其常用属性和方法见表 4-1，方法中的参数一般为数值、变量或表达式。

表 4-1　Math 对象的常用属性和方法

属性和方法	作用
PI	获取圆周率
ceil(参数)	向上取整，取大于并最接近参数的整数
floor(参数)	向下取整，取小于并最接近参数的整数
round(参数)	四舍五入取整，取将小数位数第 1 位四舍五入后的整数
max(参数 1, 参数 2,...)	取所有参数中的最大值
min(参数 1, 参数 2,...)	取所有参数中的最小值
pow(参数 1, 参数 2)	计算以参数 1 为基数，以参数 2 为指数的结果
sqrt(参数)	计算参数的平方根
abs(参数)	计算参数的绝对值
random()	获取一个 0～1 之间的随机小数

此外还有 sin、cos、tan、asin、acos、atan、exp、log 等函数

具体用法如下：

```
Math.PI;                        // 返回圆周率 3.141592653589793
Math.ceil(2.2);                 // 向上取整，返回结果为 3
Math.ceil(2.9);                 // 向上取整，返回结果为 3
Math.floor(2.2);                // 向下取整，返回结果为 2
Math.floor(2.9);                // 向下取整，返回结果为 2
Math.round(2.4);                // 向上取整，返回结果为 2
Math.round(2.6);                // 向上取整，返回结果为 3
Math.max(6,7,1);                // 取最大值，返回结果为 7
Math.min(6,7,1);                // 取最小值，返回结果为 1
Math.pow(2,3);                  // 计算 2 的 3 次方，返回结果为 8
Math.sqrt(4);                   // 计算 4 的平方根，返回结果为 2
Math.abs(-10);                  // 返回绝对值 10
Math.random();                  // 范围为 0～1 之间的随机数（不包含 0 和 1），如：0.5042583263425331
Math.ceil(Math.random()*100);   // 范围为 1～100 之间的随机整数（包含 1 和 100）
```

4.2.2 定时器

为了可以实现时间间隔执行函数和间隔周期执行函数，在 JavaScript 中提供了两种定时器方法，分别是 setTimeout() 和 setInterval()，其格式如下：

```
setTimeout(" 调用的函数 ()", 延时时间 ( 毫秒单位 ));
setInterval(" 调用的函数 ()", 周期时间 ( 毫秒单位 ));
```

定时器格式中，第一个参数（调用的函数）表示可以传入一个函数，或者是函数名调用函数，也可以是普通语句；第二个参数是以毫秒为单位的时间，1 秒 =1000 毫秒，如果时间参数省略，则默认为 0 毫秒。

在实际开发中，可能一个页面中会存在多个定时器，所以最好的方法是使用一个变量保存定时器。这样在定时器启动后，可以通过停止定时器的方法 clearTimeout() 和 clearInterval() 将定时器停止，格式如下：

```
var 变量名 1=setTimeout(" 调用的函数 ()", 延时时间 ( 毫秒单位 ));
clearTimeout( 变量名 );
var 变量名 2=setInterval(" 调用的函数 ()", 周期时间 ( 毫秒单位 ));
clearInterval( 变量名 );
```

【实例 4-2】假设班上有 50 名同学，制作一个随机点名器，单击"开始"按钮，数字开始跳动；单击"停止"按钮，数字停止跳动。

（1）新建 example4-2.html 页面，插入以下代码：

```
1  <!DOCTYPE html>
2  <html>
3    <head>
4      <meta charset="utf-8">
5      <title> 随机选号器 </title>
6      <style>
7        .inputTxt {height: 400px;width: 500px;  font-size: 300px;text-align: center; margin-bottom: 20px;}
8        button{width: 80px;}
9      </style>
10   </head>
11   <body>
12     <center>
13       <input id="rand" type="text" value="0" class="inputTxt" readonly/><br>
14       <button type="button"> 开始 </button>
15       <button type="button"> 停止 </button>
16     </center>
17   </body>
18 </html>
```

（2）在第 11 行前插入 <script> 标签，创建"开始"按钮函数 startScroll()，利用 Math.random() 方法产生一个 1 ～ 50 的随机整数并赋值给文本框。

```
function startScroll() {
    var num = Math.ceil(Math.random() * 50);      // 生成范围为 1 ～ 50 的随机整数（包含 1 和 50）
    document.getElementById("rand").value = num;  // 将随机整数赋值给页面文本框
}
```

上述代码中，document.getElementById("rand").value 表示获取页面元素中 id 属性

为 rand 的值，属于 DOM 获取元素的内容，将在后面章节详细介绍，此处只需要明白通过这个方法可以将 num 的值传递给文本框。

（3）在"开始"按钮的属性中添加 onclick 属性，并绑定刚刚建立的 startScroll() 函数。

```
<button type="button" onclick="startScroll()"> 开始 </button>
```

此时，保存后进行调试，单击"开始"按钮，已经可以在文本框显示随机生成的数字，但是如何将数字随机跳动起来？

（4）在 startScroll() 函数的最后一行插入定时器方法，每间隔 50 毫秒重新生成一个随机数赋值给文本框。

```
timer=setTimeout("startScroll()",50);
```

保存后再单击"开始"按钮，此时文本框中的数字开始随机跳动起来，为了可以使用解除定时器方法，这里将定时器赋值给变量 timer。

（5）创建"停止"按钮函数 stopScroll()，使用 clearTimeout() 方法解除定时器。

```
function stopScroll() {
    clearTimeout(timer);
}
```

（6）在"停止"按钮的属性中添加 onclick 属性，并绑定刚刚建立的 stopScroll() 函数。

```
<button type="button" onclick="stopScroll()"> 停止 </button>
```

（7）保存后，在浏览器中打开 example4-2.html，运行效果如图 4-2 所示。

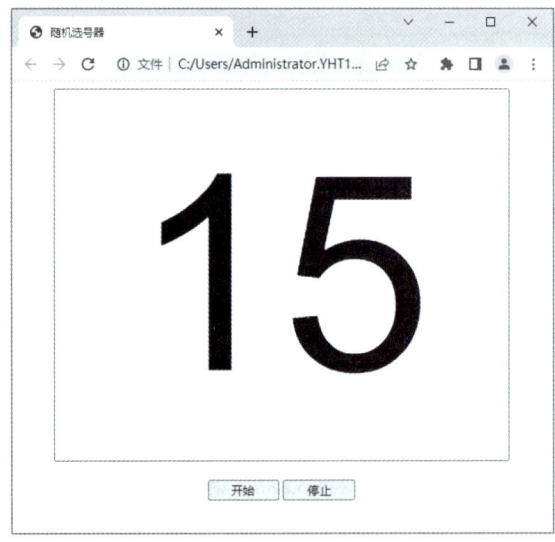

图 4-2　随机选号器

4.2.3　Date 对象

Date 对象是时间对象，是用来处理时间和日期的。它是构造函数，使用时需要实例化对象。通过 Date 对象可以设定时间和获取时间。

1. 日期对象的实例化

Date 对象需要使用 new Date() 实例化后才能使用，Date() 是日期对象的构造函数。

在创建日期对象时，可以在 Date() 构造函数中传入参数，来表示具体的日期。格式如下：

```
// 方法 1: 没有参数，使用当前系统时间作为对象保存时间
var mydate1=new Date();
console.log(mydate1);
// 输出结果为 :Fri Apr 15 2022 09:18:04 GMT+0800（中国标准时间）
// 方法 2: 传入年、月、日、时、分、秒
var mydate2=new Date(2022,1,4,20,00,00);
console.log(mydate2);
// 输出结果为 :Fri Feb 04 2022 20:00:00 GMT+0800（中国标准时间）
// 方法 3: 用字符串表示日期时间
var mydate3=new Date('2022-2-20 20:00:00');
console.log(mydate3);
// 输出结果为 :Sun Feb 20 2022 20:00:00 GMT+0800（中国标准时间）
```

使用方法 1 时，返回的 mydate1 对象保存的是 Date 对象获取了当前的系统时间；使用方法 2 时，最少要指定年、月两个参数，后面参数可以省略，省略则会使用默认值代替，值得注意的是月份范围是 0～11，即 0 代表 1 月份；使用方法 3 时，最少需要指定年份，其余的省略则会使用默认值代替。

2. 日期对象的方法

获取到日期对象之后，可以通过日期对象的 get 和 set 系列方法对日期对象的年份、月份等进行获取和设置，Date 对象的常用方法见表 4-2。

表 4-2 Date 对象的常用方法

方法	作用
getFullYear()	获取完整的 4 位年份数字，如 2022
getMonth()	获取月份，范围是 0～11（0 代表 1 月份，1 代表 2 月份，以此类推）
getDate()	获取日，月份中的某一天，范围 1～31
getDay()	获取根据年月日对应到星期中的一天，范围是 0～6（0 代表星期日，1 代表星期一）
getHours()	获取小时，范围是 0～23
getMinutes()	获取分钟，范围是 0～59
getSeconds()	获取秒数，范围是 0～59
getTime()	获取从 1970-01-01 00:00:00 到 Date 对象所经过的毫秒数
setFullYear(参数)	设置年份
setMonth(参数)	设置月份
setDate(参数)	设置日
setHours(参数)	设置小时
setMinutes(参数)	设置分
setSeconds(参数)	设置秒
setTime(参数)	通过从 1970-01-01 00:00:00 计时的毫秒数来设置时间

【实例 4-3】为网页制作一个时间显示器，可以动态显示当前的系统时间，时间格式为"××××年××月××日 00:00:00"。

（1）打开"实例 4-3"文件夹中的 example4-3.html 页面，在 <script> 标签中，输入以下代码：

```
1   function showTime() {
2     var myDate = new Date();    // 定义日期与时间变量
3     var year = myDate.getFullYear();
4     var month = myDate.getMonth() + 1;
5     var day = myDate.getDate();
6     var hour = myDate.getHours();
7     var minutes = myDate.getMinutes();
8     var seconds = myDate.getSeconds();
9     if (month < 10)
10       month = "0" + month;
11    if (day < 10)
12       day = "0" + day;
13    if (hour < 10)
14       hour = "0" + hour;
15    if (minutes < 10)
16       minutes = "0" + minutes;
17    if (seconds < 10)
18       seconds = "0" + seconds;
19    document.getElementById("time").innerHTML = " 现在的时间为： " + year + " 年 " + month +
         " 月 " + day + " 日 " +hour + ":" + minutes + ":" + seconds;   // 给 id 为 time 的标签赋值
20    setTimeout("showTime()", 1000);         // 设置定时函数，1 秒执行一次 showTime 函数
21  }
22  window.onload = showTime;                 // 页面加载时调用 showTime 函数
```

（2）保存后，在浏览器中打开 example4-3.html，运行效果如图 4-3 所示。

图 4-3　动态显示当前系统时间

本例中，通过 new 创建了一个 myDate 的时间对象，然后通过时间对象中 get 系列方法获取了年、月、日、时、分、秒。为了显示效果，当出现个位的时间时在其前面补 0。接着将时间以字符串的方式连接在一起，并对 div 元素特有的 innerHTML 属性赋值，将时间显示在页面上，使用定时器函数让时间每秒修改一次显示。最后通过 window.onload（页面加载事件，也就是页面内容显示时执行的事件）进行调用。

4.2.4 Array 对象

Array 对象是数组对象，可以看作数据的集合，由于 JavaScript 弱类型语言的特点，数组十分灵活，可以将不同类型的元素都存放在同一个数组中，长度也可以进行动态调整，可以随着数据的增加或减少自动对数组长度进行更改。

1. 数组的创建

在 JavaScript 中，可以使用构造函数 new Array() 创建数组，也可以使用 [] 创建，具体格式如下：

```
// 方法 1: 使用无参数构造函数，创建一个空数组
var arr1=new Array();
// 方法 2: 使用有参构造函数创建数组，通过数字参数指定数组长度
var arr2=new Array(5);
// 方法 3: 带有初始化数据的构造函数创建数组
var arr3=new Array('apple','banana','pear');
// 方法 4: 使用方括号创建空数组，等同于方法 1
var arr4=[];
// 方法 5: 使用方括号创建带有初始化数据的数组，等同于方法 3
var arr5=['apple','banana','pear'];
var arr6=[' 张三 ',19,' 男 '];   // 可以存储不同数据类型元素的数组
```

2. 数组的访问

数组中的每一个元素都有下标，可以通过数组的下标直接访问数组元素，同时也可以通过数组的下标为数组元素赋值，元素的下标从 0 开始。结合上文中方法 5 创建的数组，对数组进行访问，格式如下：

```
console.log(arr5[0]);    // 结果返回 apple
console.log(arr5[1]);    // 结果返回 banana
arr5[3]='orange';
console.log(arr5[3]);    // 结果返回 orange
```

3. 数组常用的属性和方法

数组是一个对象，JavaScript 提供了操作数组的一组属性和方法见表 4-3。

表 4-3 Array 对象的常用属性和方法

方法	作用
length	数组的长度属性，返回数组中的元素个数
sort()	对数组元素进行升序排序，混合数组排序规则：小写字母—大写字母—数字，改变原数组
reverse()	对数组元素进行倒序排序，改变原数组
join(' 符号 ')	使用符号对数组进行连接，转换成字符串
push(参数 1, ...)	在数组末尾添加一个或多个元素，改变原数组，返回新的数组长度
pop()	删除数组的最后一个元素，返回删除元素的值

续表

方法	作用
unshift(参数 1, ...)	在数组开头添加一个或多个元素，改变原数组，返回新的数组长度
shift()	删除数组的第一个元素，返回删除元素的值

【实例 4-4】创建一个数组，并完成如下操作：输出原数组；对数组每个元素放大 10 倍；在数组末尾添加一个元素；排序后输出数组；使用"-"连接数组元素并输出；倒序输出数组。

（1）新建 example4-4.html 页面，插入 <script> 标签后，输入以下代码：

```
1   var arr=[8,4,2,6,9,1,3,5];
2   document.write("<h3>原数组是 :</h3>");
3   document.write("<h5>"+arr+"</h5>");
4   // 数组的遍历 方法一
5   for (let i in arr) {
6       arr[i]=arr[i]*10;
7   }
8   // 数组的遍历 方法二
9   // for (var i = 0; i < arr.length; i++) {
10  //     arr[i]=arr[i]*10;
11  // }
12  document.write("<h3>元素放大 10 倍后的数组是 :</h3>");
13  document.write("<h5>"+arr+"</h5>");
14  arr.push(70);
15  document.write("<h3>使用 push() 为数组添加一个元素 , 新数组是 :</h3>");
16  document.write("<h5>"+arr+"</h5>");
17  arr.sort();
18  document.write("<h3>升序排序后的数组是 :</h3>");
19  document.write("<h5>"+arr+"</h5>");
20  arr.reverse();
21  document.write("<h3>倒序排序后的数组是 :</h3>");
22  document.write("<h5>"+arr+"</h5>");
23  str=arr.join('-');
24  document.write("<h3>将数组转换为字符串，并以 '-' 连接 :</h3>");
25  document.write("<h5>"+str+"</h5>");
```

在上述代码中，原数组为 arr=[8,4,2,6,9,1,3,5]，当要对数组的元素放大 10 倍时，需要对每个元素都乘以 10，如果逐个读取数组再进行乘以 10 将会比较烦琐。所以此处采用了 for 循环对数组元素进行遍历，将数组元素逐一读取再进行操作。在使用 for 循环遍历时有两种方法：方法一是使用 for...in 循环，for...in 循环是 for 循环的特殊形式，不需要设置循环条件和退出循环的方法，只需要设置循环变量和遍历的数组或对象就可以将数组的元素或者对象的属性逐一读取；方法二中使用了普通的 for 循环进行遍历，在循环条件中设置了 i<arr.length，这样可以根据不同长度的数组对数组元素进行遍历。

（2）保存后，在浏览器中打开 example4-4.html，运行效果如图 4-4 所示。

图 4-4 数组的操作

4.2.5 String 对象

String 对象是字符串对象，它既是一种数据类型也是一种对象。一个字符串由一个或多个字符组成，每个字符也都有自己的下标，可以说它就像是一个微型数组，也具备属性和方法。String 对象的常用方法见表 4-4。

表 4-4 String 对象的常用方法

方法	作用
length	字符串的长度属性，返回字符串中的字符个数，一个中文算一个字符
CharAt(index)	返回指定位置的字符
indexOf(str[,index])	查找某个指定的字符串在原字符串中首次出现的位置
toLowerCase()	把字符串中的大写字母转化为小写字母
toUpperCase()	把字符串中的小写字母转化为大写字母
substring(index1,index2)	返回位于指定索引 index1 和 index2 之间的字符串，返回的字符串包含 index1，不包含 index2
substr(index[,length])	返回从指定索引 index 开始的 length 长度的字符串，当 length 省略时，则返回从 index 到结束的字符串
split("str")	返回一个使用"str"为分隔符号将字符串分隔为字符串数组

【实例 4-5】以社会主义核心价值观个人层面的内容创建中英文字符串，其中一个是"爱国、敬业、诚信、友善"，另一个是"Patriotism、Dedication、Integrity、Friendship"并完成如下操作：分别计算两个字符串的长度；分别返回两个字符串索引

1 的字符；中文字符串返回"敬业"的位置，英文字符串返回"Integrity"的位置；分别转化两个字符串的大小写；利用两种不同的字符串截取方法对两个字符串的进行截取；将字符串转换为数组。

（1）新建 example4-5.html 页面，插入 <script> 标签后，输入以下代码：

```
1   var str1=" 爱国、敬业、诚信、友善 ";
2   var str2="Patriotism、Dedication、Integrity、Friendship";
3   document.write("<h5>str1 的长度是 :"+str1.length+"</h5>");
4   document.write("<h5>str2 的长度是 :"+str2.length+"</h5>");
5   document.write("<h5>str1 索引 1 的字符是 :"+str1.charAt(1)+"</h5>");
6   document.write("<h5>str2 索引 1 的字符是 :"+str2.charAt(1)+"</h5>");
7   document.write("<h5>str1 中"敬业"字符串首次出现的位置是 :"+str1.indexOf(" 敬业 ")+"
    </h5>");
8   document.write("<h5>str2 中"Integrity"字符串首次出现的位置是 :"+
    str2.indexOf("Integrity")+"</h5>");
9   document.write("<h5>str1 字符串转为小写是 :"+str1.toLowerCase()+"</h5>");
10  document.write("<h5>str2 字符串转为小写是 :"+str2.toLowerCase()+"</h5>");
11  document.write("<h5>str1 字符串转为大写是 :"+str1.toUpperCase()+"</h5>");
12  document.write("<h5>str2 字符串转为大写是 :"+str2.toUpperCase()+"</h5>");
13  document.write("<h5>str1 字符串使用 substring 方法截取"诚信":"+str1.substring(6,8)+"
    </h5>");
14  document.write("<h5>str2 字符串使用 substr 方法截取"Dedication":"+str2.substr(11,10)+"
    </h5>");
15  document.write("<h5>str1 字符串转为数组 :"+str1.split('、')+"</h5>");
16  document.write("<h5>str2 字符串转为数组 :"+str2.split('、')+"</h5>");
```

（2）保存后，在浏览器中打开 example4-5.html，运行效果如图 4-5 所示。

图 4-5　字符串的操作

在上述的例子中可以看出单个的中、英文字符都是占一个字符长度；字符串的索引号是从 0 开始的；在进行大小写转化时，中文是不会有任何改变的；将字符串转化为数组时，不会改变原字符串变量。

小　　结

本章主要介绍了 JavaScript 的对象，包括自定义对象和内置对象；说明了自定义对象的声明、访问对象的属性和方法；重点介绍了一些常用的内置对象：Math 对象、Date 对象、Array 对象和 String 对象。

课 后 练 习

一、选择题

1. 下列关于 Date 对象的 getDay() 方法的返回值描述，正确的是（　　）。

    A．返回系统时间的当前星期数

    B．返回值的范围介于 1～7 之间

    C．返回系统时间的当前星期数 +1

    D．返回值的范围介于 0～6 之间

2. setTimeout("adv()",100) 表示的意思是（　　）。

    A．间隔 100 秒后，adv() 函数就会被调用

    B．间隔 100 分钟后，adv() 函数就会被调用

    C．间隔 100 毫秒后，adv() 函数就会被调用

    D．adv() 函数被持续调用 100 次

3. 以下可以获取系统当前日期的是（　　）。

    A．var time = new Date( );　　　　B．Date time = new Date( );

    C．var time = new date( );　　　　D．以上说法均不对

4. 下列关于 JavaScript 中的 Math 对象的说法，正确的是（　　）。

    A．Math.ceil(369.2) 返回的结果为 370

    B．Math.floor( ) 方法用于对数字进行向上取整

    C．Math.round(-369.7) 返回的结果为 -369

    D．Math.random( ) 返回的结果范围为 0-1，包括 0 和 1

5. setInterval( ) 方法和 setTimeout( ) 方法的区别在于（　　）。

    A．前者用于每隔一段时间重复执行一个函数，后者用于一定时间之后只执行一次函数

    B．前者不需要终止定时，而后者需要浏览者终止定时

    C．前者用于每隔一定时间闪过一条广告，后者不定时弹出

    D．二者功能完全不一样

6．分析下面的 JavaScript 代码段，输出的结果是（　　）。

```
nums=new Array(6);
nums[1]=1;
nums[2]=2;
document.write(nums.length);
```

　　A．2　　　　　　B．3　　　　　　C．5　　　　　　D．6

7．下列创建数组的方式中，错误的是（　　）。

　　A．var arr=new Array( );

　　B．var arr=[ ];

　　C．var arr=new array( );

　　D．var arr=[ ];　arr.length=3;

8．分析下面的 JavaScript 代码段，输出的结果是（　　）。

```
var mystring="I am a student";
a=mystring.charAt(9);
document.write(a);
```

　　A．I am a st　　B．u　　　　　C．udent　　　　D．T

9．在网页中执行以下 JavaScript 代码：

```
var str = " 我爱北京天安门 ";
alert(str.substr(4));
```

该代码在网页中输出的内容是（　　）。

　　A．空　　　　B．程序报错　　　C．天安门　　　D．北京天安门

10．在 JavaScript 中，执行下面的代码后，num 的值是（　　）。

```
var str = "I am a gril";
var num = str.indexOf("s");
```

　　A．-1　　　　B．0　　　　　　C．2　　　　　　D．1

二、填空题

1．pop() 方法可以用于数组的 _____ 元素操作。

2．方法 getMonth() 的返回值是 _____。

3．JavaScript 里获取字符串长度和计算数组的长度的方法是 _____。

4．声明自定义对象的方法有 _____ 和 _____。

5．创建数组的关键字是 _____。

实训 4 实施情况表

任务名称	轮播图和扶贫日活动倒计时的制作	任务难度	★★★☆☆
任务描述	1. 轮播图效果是各大网站常用的效果，使用数组实现 5 幅图片的轮播效果。页面加载后，每隔 2 秒向右切换下一幅图片。轮播图的左右两侧分别是向左和向右的箭头按钮，单击向左按钮时，向前轮播，单击向右按钮时，向后轮播。 2. 利用扶贫日活动制作距离年度扶贫日的倒计时，如果已经超过 10 月 17 日则显示今年活动已经结束，当到次年 1 月 1 日时又重新运行倒计时效果		

专　　业		班　　级		组　　长	
组　　员		实施日期		年　　月　　日	

观测点	完成内容	自评	互评	教师评
实训任务所涉及的知识点				
实训任务操作思路				

实训 4　轮播图和扶贫日活动倒计时的制作

利用 example4-6 文件夹中所提供的网页素材，在页面适当的位置制作轮播图和扶贫日倒计时效果，效果图如图 4-6 所示，具体要求如下：

（1）在页面的顶部位置制作 5 幅图片的轮播图。页面加载后，每隔 2 秒向右切换下一幅图片。轮播图的左右两侧分别是向左和向右的箭头按钮，单击向左按钮时，轮播图停止原来的切换方向，并从下一幅图片开始向左自动切换图片，单击向右按钮时，轮播图停止原来的切换方向，并从下一幅图片开始向右自动切换图片。

（2）每年的 10 月 17 日是国家扶贫日，网站是以扶贫为主题的商城网站，故利用扶贫日活动制作年度扶贫日的倒计时显示，如果已经超过 10 月 17 日则显示今年活动已经结束，到次年 1 月 1 日时又再运行倒计时效果。

图 4-6　页面效果图

实现思路：

（1）打开 example4-6 文件夹中的 index.html 页面，首先制作向右自动切换的轮播图效果。在第一个 <script> 标签中，输入如下代码：

```
imgs=['images/banner1.png','images/banner2.png','images/banner3.png','images/banner4.png','images/banner5.png'];   // 定义图片地址的数组
index=0;   // 读取图片地址的下标，通过改变 index 的值读取不同的地址
function showPics() {
   document.getElementById("pic").src=imgs[index];   // 读取图片
   if (index<imgs.length-1) {   // 当超过数组图片的数量时，返回第一幅图片
     index++;
   } else{
     index=0;
   }
   timer=setTimeout("showPics()",2000);
}
window.onload=showPics;   // 调用页面加载事件启动轮播图函数
```

（2）接着制作向左自动切换的轮播图效果，在上述代码后插入：
```
function showPrepic() {
  if (index>0) {
    index--;
  } else{
    index=imgs.length-1;
  }
  document.getElementById("pic").src=imgs[index];
  timer=setTimeout("showPrepic()",2000);
}
```
（3）然后制作向左、向右两个按钮的功能，分别是停止定制器再运行对应箭头方向的函数。
```
function showNext() {
  clearTimeout(timer);
  showPics();
}
function showPre() {
  clearTimeout(timer);
  showPrepic();
}
```
（4）将函数绑定到按钮的 onclick 事件属性中。
```
<div class="preBtn" onclick="showPre()"></div>
<div class="nextBtn" onclick="showNext()"></div>
```
（5）在第二个 <script> 标签中，插入倒计时函数代码并调用。
```
function countDown() {
  var nowDay=new Date();
  var endDay=new Date(nowDay.getFullYear(),10,17);
  var leftDay=endDay-nowDay;
  if (leftDay>0) {
    leftd = Math.floor(leftDay/(1000*60*60*24));        // 计算天数
    lefth = Math.floor(leftDay/(1000*60*60)%24);        // 计算小时数
    lefth=lefth<10?"0"+lefth:lefth;                     // 判断小时数 是个位数时，则在前面补 0
    leftm = Math.floor(leftDay/(1000*60)%60);           // 计算分钟数
    leftm=leftm<10?"0"+leftm:leftm;                     // 判断分钟数是个位数时，则在前面补 0
    lefts = Math.floor(leftDay/1000%60);                // 计算秒数
    lefts=lefts<10?"0"+lefts:lefts;                     // 判断秒钟数是个位数时，则在前面补 0
    leftms=Math.floor(leftDay%100);                     // 计算 2 位的毫秒数
    leftime=leftd + " 天  " + lefth + " : " + leftm + " : " + lefts + " : " + leftms;
    leftstr=" 距离一年一度扶贫日活动还有 :";
    document.getElementById("countDown").innerHTML=leftstr+leftime;
    setTimeout("countDown()",10);
  } else{
    document.getElementById("countDown").innerHTML=" 本年度活动已经结束，请关注下一期活动 ";
  }
}
countDown();
```
（6）保存后，在浏览器中打开 example4-6.html，运行效果如图 4-6 所示。

项目 5 DOM 基础

能力目标
- 了解 DOM 模型的基本概念。
- 掌握 DOM 树的组成及各种节点。
- 掌握获取元素的 4 种方法。
- 掌握 JavaScript 的事件及分类。
- 掌握 JavaScript 事件的绑定。
- 掌握 JavaScript 的事件对象。
- 掌握 JavaScript 操作元素的各种方法。

思政目标
- 树立国家安全意识,强化使命担当。
- 坚定道路自信、理论自信、制度自信、文化自信。
- 引导学生勇做新时代的奋斗者和追梦人。

素质目标
- 培养求同存异思维。
- 提高主动思考、善于思考的能力。
- 培养敬业、精益、专注、创新的工匠精神。

项目思维导图

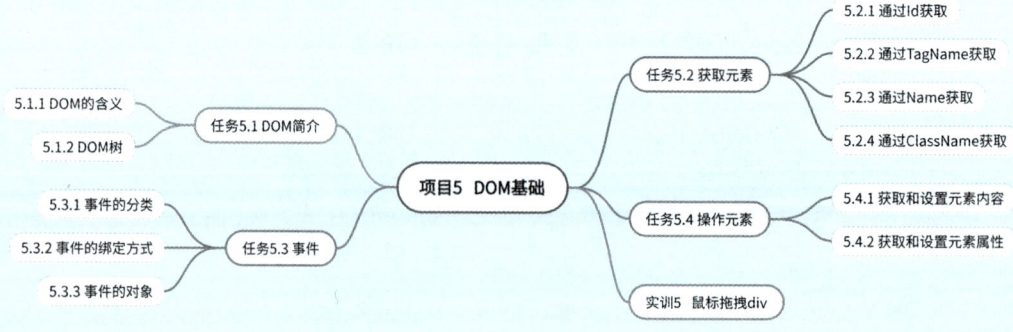

任务 5.1 实施情况表

任务名称	DOM 简介		任务难度	★☆☆☆☆	
任务简介	了解 DOM 的含义,掌握 DOM 模型的相关节点				
专　　业		班　　级		组　　长	
组　　员		实施日期		年　月　日	
任务要求	能够分解 HTML 代码,画出对应的 DOM 树				

观测点		等级				自评	互评	教师评
		A	B	C	D			
课堂表现	学习态度	课前充分预习、课中积极主动、具有探索意识,表现优秀	能完成课前预习、课中认真听课、理解知识点,表现良好	简单预习、课中偶尔开小差、知识点掌握一般,表现一般	没有预习、课中基本不听课,表现较差			
	回答问题	对问题的理解到位,能准确回答问题,并能做到举一反三	对问题的理解到位,基本上能回答正确	对问题理解一般,需要提示才能回答	不理解问题意思,无法回答问题			
知识掌握	DOM 的含义	充分理解 DOM 模型的基本概念	基本理解 DOM 模型的基本概念	对 DOM 模型的基本概念不太理解	不理解 DOM 模型的基本概念			
	DOM 树	充分理解 DOM 模型的节点,能够根据 HTML 代码快速画出 DOM 树	基本理解 DOM 模型的节点,能够根据 HTML 代码画出 DOM 树	基本理解 DOM 模型的节点,在指导下能够根据 HTML 代码画出 DOM 树	不能根据要求画出 DOM 树			

任务 5.1　DOM 简介

5.1.1　DOM 的含义

DOM（文档对象模型，Document Object Model）作为 JavaScript 操作网页的接口，是由 W3C 组织推荐的处理可扩展标记语言的标准编程接口。它的作用是将网页转为一个 JavaScript 对象，从而可以用脚本访问和操作 HTML 页面中的每一个单独的元素，例如，对按钮、图片、文本框、表单等元素进行各种操作（比如增删内容）。大部分主流的浏览器都支持这个接口。

5.1.2　DOM 树

浏览器会根据 DOM 模型，将结构化文档（比如 HTML 和 XML）解析成一系列的节点，再由这些节点组成一个树状结构（DOM Tree），如图 5-1 所示。所有的节点和最终的树状结构都有规范的对外接口。DOM 只是一个接口规范，可以用各种语言实现。所以严格地说，DOM 不是 JavaScript 语法的一部分，但是 DOM 操作是 JavaScript 最常见的任务，离开了 DOM，JavaScript 就无法控制网页。此外，JavaScript 也是最常用于 DOM 操作的语言。

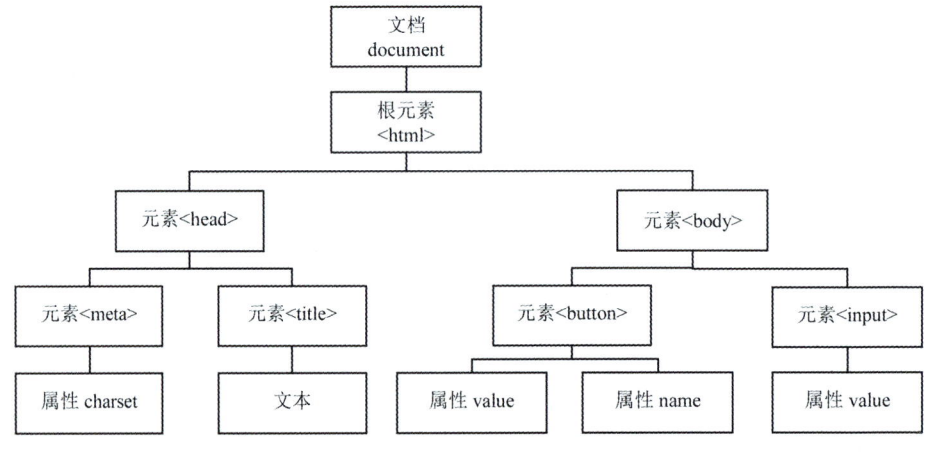

图 5-1　DOM 树

节点的类型有以下七种：

（1）文档（Document）：整个文档树的顶层节点。

（2）文档类型（Document Type）：doctype 标签（如 <!DOCTYPE html>）。

（3）元素（Element）：页面的各种元素标签（如 <body>、<a> 等）。

（4）属性（Attribute）：元素的各种属性（如 class="right"）。

（5）文本（Text）：标签之间或标签包含的文本。

（6）注释（Comment）：注释。

（7）文档片段（Document Fragment）：文档的片段。

浏览器提供一个原生的节点对象 Node，上面这七种节点都继承了 Node，因此具有一些共同的属性和方法。

文档的第一层有两个节点：一个是文档类型节点，另一个是 HTML 网页的顶层容器标签 <html>。后者构成了树结构的根节点（root node），其他 HTML 标签节点都是它的子节点。除了根节点，其他节点可能有三种层级关系：父节点（parentNode），直接的上级节点；子节点（childNodes），直接的下级节点；兄弟节点（sibling），拥有同一个父节点的节点。DOM 提供操作接口，用来获取这三种关系的节点。比如，子节点接口包括 firstChild（第一个子节点）和 lastChild（最后一个子节点）等属性；同级节点接口包括 nextSibling（相邻且在后的那个同级节点）和 previousSibling（相邻且在前的那个同级节点）的属性。

任务 5.2 实施情况表

任务名称	获取元素			任务难度	★★★☆☆		
任务简介	掌握利用 Id、TagName、Name、ClassName 4 种方法获取元素并显示在控制台的具体用法						
专　　业			班　　级		组　　长		
组　　员			实施日期		年　　月　　日		
任务要求	创建一个网页，然后完成以下操作： 1．通过 getElementById 获取元素并显示在控制台。 2．通过 getElementsByTagName 获取元素并显示在控制台。 3．通过 getElementsByName 获取元素并显示在控制台。 4．通过 getElementsByClassName 获取元素并显示在控制台						

观测点		等级				自评	互评	教师评
		A	B	C	D			
课堂表现	学习态度	课前充分预习、课中积极主动、具有探索意识，表现优秀	能完成课前预习、课中认真听课、理解知识点，表现良好	简单预习、课中偶尔开小差、知识点掌握一般，表现一般	没有预习、课中基本不听课，表现较差			
	回答问题	对问题的理解到位，能准确回答问题，并能做到举一反三	对问题的理解到位，基本上能回答正确	对问题理解一般，需要提示才能回答	不理解问题意思，无法回答问题			
知识掌握	通过 Id 获取	能熟练通过 getElement-ById 获取元素并显示在控制台	基本能按要求通过 getElement-ById 获取元素并显示在控制台	需要在指导下通过 getElement-ById 获取元素并显示在控制台	未能按要求完成操作			
	通过 TagName 获取	能熟练通过 getElements-ByTagName 获取元素并显示在控制台	基本能按要求通过 getElements-ByTagName 获取元素并显示在控制台	需要在指导下通过 getElements-ByTagName 获取元素并显示在控制台	未能按要求完成操作			
	通过 Name 获取	能熟练通过 getElements-ByName 获取元素并显示在控制台	基本能按要求通过 getElements-ByName 获取元素并显示在控制台	需要在指导下通过 getElements-ByName 获取元素并显示在控制台	未能按要求完成操作			
	通过 ClassName 获取	能熟练通过 getElements-ByClassName 获取元素并显示在控制台	基本能按要求通过 getElements-ByClassName 获取元素并显示在控制台	需要在指导下通过 getElements-ByClassName 获取元素并显示在控制台	未能按要求完成操作			

任务 5.2　获 取 元 素

在页面效果的设计开发中，如果要操作页面上的某一个元素（例如控制一个图片的隐藏或者显示，单击按钮等），就需要先获取到该元素，才能通过属性等对其进行操作。通常有四种方法获取元素：通过 Id（编号）获取、通过 TagName（标签名）获取、通过 Name（名称）获取、通过 ClassName（类名）获取。

5.2.1　通过 Id 获取

DOM 提供了一个名为 getElementById 的方法，这个方法将返回一个与之对应 Id 属性的节点对象，如果没有找到指定元素则返回 null，如果存在多个 Id 名相同的元素则返回 undefined。在使用的时候请注意区分大小写，格式如下：

```
document.getElementById('Id 名');            //Id 名是在元素属性中进行设置
```

【实例 5-1】通过 getElementById 获取元素并显示在控制台。

（1）打开"实例 5-1"文件夹中的 getElementById.html 页面，在 <script> 标签中，输入以下代码：

```
1  var pic=document.getElementById("view");        // 通过 Id 名 view 获取图片信息
2  var h1=document.getElementById("color");        // 通过 Id 名 color 获取图片信息
3  console.log(pic);                               // 在控制台将 pic 输出
4  console.log(typeof(pic));                       // 在控制台将 pic 的数据类型输出
5  console.log(h1);                                // 在控制台将 h1 输出
6  console.log(typeof(h1));                        // 在控制台将 h1 的数据类型输出
```

（2）保存后，在浏览器中打开 getElementById.html，运行效果如图 5-2 所示。

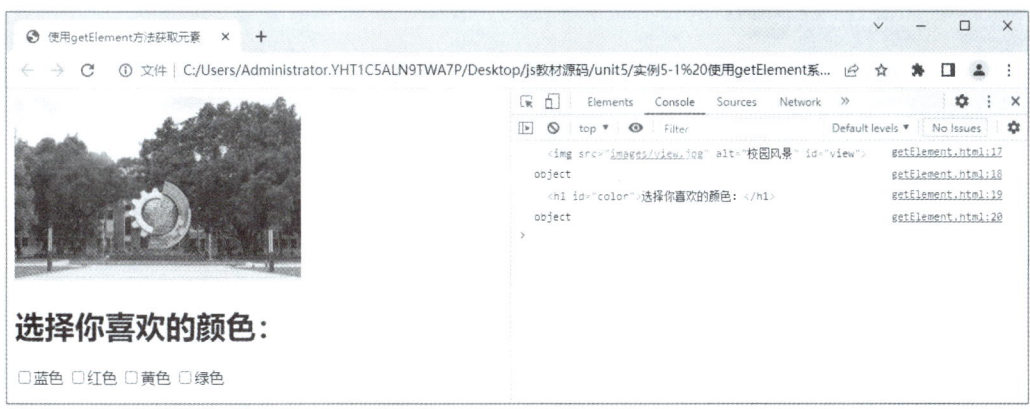

图 5-2　使用 getElementId 获取元素

本例中，由于需要先加载页面元素再进行获取，所以脚本的代码必须写在页面元素之后，然后通过 getElementById 方法获取图片元素和标题元素并赋值给 2 个变量，最后通过控制台输出变量和显示其数据类型。通过控制台信息可以看到变量存储了完整的标签元素，数据类型为对象数据类型。

5.2.2 通过 TagName 获取

DOM 提供了一个名为 getElementsByTagName 的方法，这个方法是通过 HTML 文档的标签名称获取节点对象，该方法返回一个对象数组（准确地说是 HTMLCollection 集合，它不是真正意义上的数组），每个对象分别对应文档里给定标签的一个元素。格式如下：

```
document.getElementsByTagName(' 标签名 ');    // 标签名为页面的元素标签
```

【实例 5-2】通过 getElementsByTagName 获取元素并显示在控制台。

（1）打开"实例 5-2"文件夹中的 getElementsByTagName.html 页面，在 <script> 标签中，输入以下代码：

```
1  var pic=document.getElementsByTagName("img");
2  var h1=document.getElementsByTagName("h1");
3  var ck=document.getElementsByTagName("input");
4  console.log(pic);
5  console.log(typeof(pic));
6  console.log(h1);
7  console.log(typeof(h1));
8  console.log(ck);
9  console.log(typeof(ck));
```

（2）保存后，在浏览器中打开 getElementsByTagName.html，运行效果如图 5-3 所示。

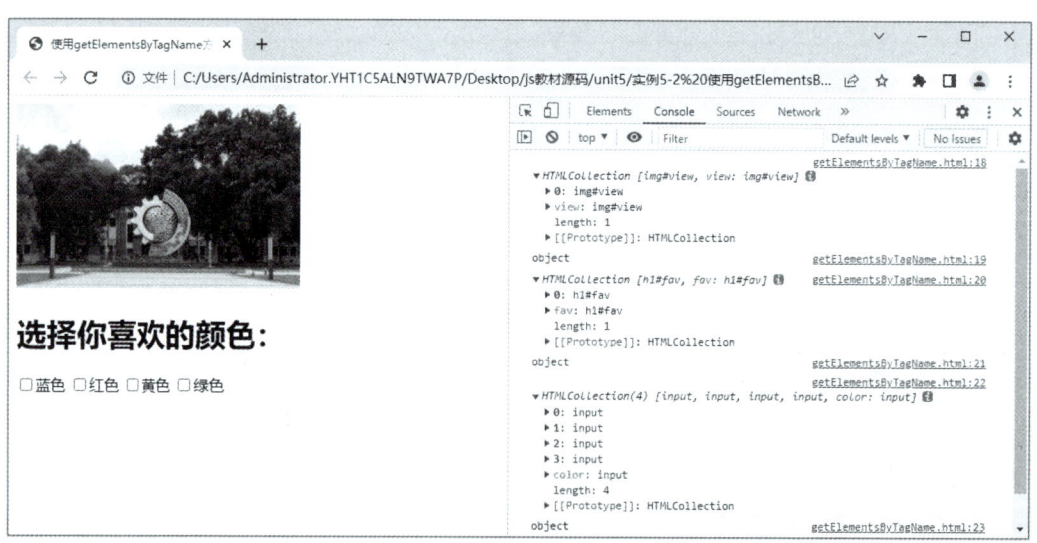

图 5-3 使用 getElementsByTagName 获取元素

本例中，由于相同标签名的元素可能有多个，所以 getElementsByTagName 方法获取到的是一个集合，即使某个标签元素只有一个，也会以集合的方式返回。根据数据类型来看，这个集合是一个对象，也可以称为伪数组，因为可以像数组一样用索引来访问元素，但不能使用数组的方法。

该方法除了能被 document 对象调用之外，还可以被普通的元素调用，一般是父子元素的关系使用，但是父元素必须是单个元素对象，不能是集合，所以需要用

getElementById 方法获取 ul 后，再通过 getElementsByTagName 方法调用 li。例如：

```
var demo=document.getElementById('demo');        // 假设 ul 列表的 id 名为 demo
var lis=demo.getElementsByTagName('li');         // 再通过 demo 获取 ul 下的 li 元素
```

5.2.3　通过 Name 获取

DOM 提供了一个名为 getElementsByName 的方法，这个方法是通过元素的 name 属性获取节点对象，多用于表单元素。多个元素可以设置相同的 name 属性，所以该方法返回的是一个对象数组。格式如下：

```
document.getElementsByName('name');      //name 为元素的属性
```

【实例 5-3】通过 getElementsByName 获取元素并显示在控制台。

（1）打开"实例 5-3"文件夹中的 getElementsByName.html 页面，在 <script> 标签中，输入以下代码：

```
1  var pic=document.getElementsByName("image");
2  var h1=document.getElementsByName("title");
3  var ck=document.getElementsByName("color");
4  console.log(pic);
5  console.log(typeof(pic));
6  console.log(h1);
7  console.log(typeof(h1));
8  console.log(ck);
9  console.log(typeof(ck));
```

（2）保存后，在浏览器中打开 getElementsByName.html，运行效果如图 5-4 所示。

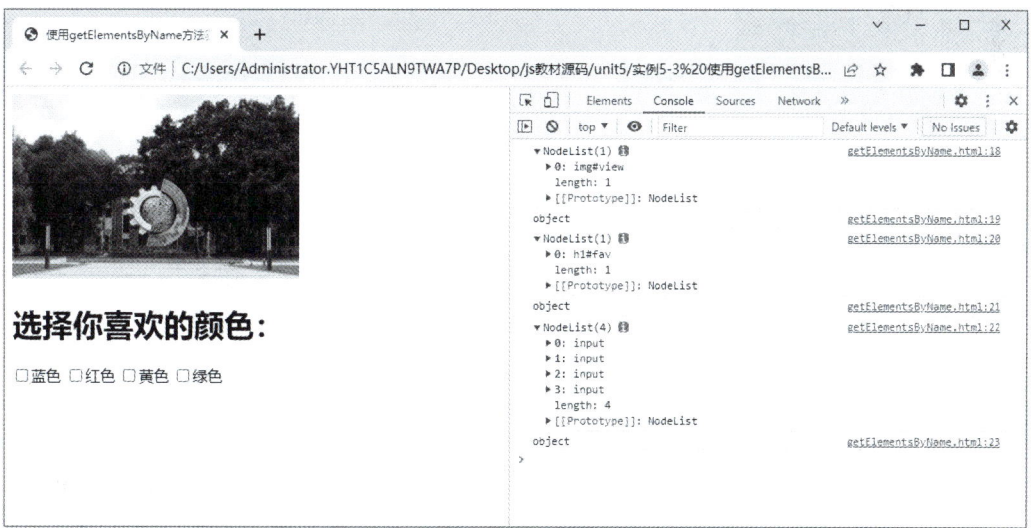

图 5-4　使用 getElementsByName 获取元素

本例中，结果与通过 TagName 获取相同，因为 name 属性的元素也可能会有多个，所以 getElementsByName 方法获取到的也是一个节点集合，但是集合的名称与通过 TagName 获取的有所区别。

5.2.4 通过 ClassName 获取

在 HTML5 中为 document 对象新增了 getElementsByClassName 方法，不过由于该方法比较新，较老的浏览器（如 IE6）还不支持。格式如下：

document.getElementsByClassName(' 类样式名 ');   // 类样式名为元素 class 属性名称

【实例 5-4】通过 getElementsByClassName 获取元素并显示在控制台。

（1）打开"实例 5-4"文件夹中的 getElementsByClassName.html 页面，在 <script> 标签中，输入以下代码：

```
1  var pic=document.getElementsByClassName("image");
2  var btn1=document.getElementsByClassName("blue");
3  var btn2=document.getElementsByClassName("red");
4  console.log(pic);
5  console.log(typeof(pic));
6  console.log(btn1);
7  console.log(typeof(btn1));
8  console.log(btn2);
9  console.log(typeof(btn2));
```

（2）保存后，在浏览器中打开 getElementsByClassName.html，运行效果如图 5-5 所示。

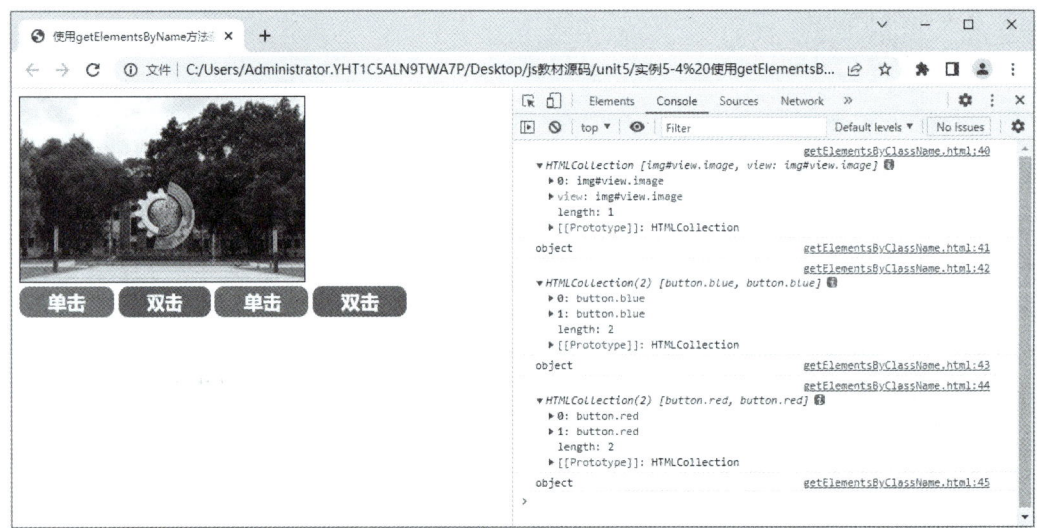

图 5-5　使用 getElementsByClassName 获取元素

本例中，与前两个例子相似，通过元素的类样式名获取元素，getElementsByName 方法获取到的也是一个节点集合。

任务 5.3 实施情况表

任务名称	事件		任务难度	★★★☆☆	
任务简介	掌握事件的分类、对象和绑定方式				
专　　业		班　　级		组　　长	
组　　员		实施日期		年　　月　　日	
任务要求	通过事件对象实现追踪鼠标单击位置				

观测点		等级				自评	互评	教师评
		A	B	C	D			
课堂表现	学习态度	课前充分预习、课中积极主动、具有探索意识，表现优秀	能完成课前预习、课中认真听课、理解知识点，表现良好	简单预习、课中偶尔开小差、知识点掌握一般，表现一般	没有预习、课中基本不听课，表现较差			
	回答问题	对问题的理解到位，能准确回答问题，并能做到举一反三	对问题的理解到位，基本上能回答正确	对问题理解一般，需要提示才能回答	不理解问题意思，无法回答问题			
知识掌握	事件的分类	充分掌握事件的分类与常用的鼠标属性	掌握事件的分类与常用的鼠标属性	基本掌握事件的分类与常用的鼠标属性	未掌握事件的分类与常用的鼠标属性			
	事件的绑定方式	充分理解并熟练使用事件的两种绑定方式	理解并能够使用事件的两种绑定方式	基本理解事件的两种绑定方式，但对具体使用不太熟悉	未掌握事件的两种绑定方式			
	事件的对象	充分理解事件对象的含义，实现追踪鼠标点击位置的任务要求	理解事件对象的含义，实现追踪鼠标点击位置的任务要求	基本理解事件对象的含义，在指导下实现追踪鼠标点击位置的任务要求	未能理解事件对象，按照要求实现任务要求			

任务 5.3 事 件

JavaScript 是依靠事件来实现页面交互效果的。事件可以检测到 JavaScript 的行为，是一种"触发—响应"的机制。这些行为指的是页面加载、鼠标单击、鼠标指针进入某个区域等具体的动作，为实现页面的交互效果起着重要的作用。

事件具备的三要素：
（1）事件源：触发事件的元素，如按钮、文本框等。
（2）事件类型：事件的产生，如单击、双击等。
（3）事件处理程序：事件触发后要执行的代码，也称为事件处理函数。

5.3.1 事件的分类

事件源的不同，所产生的事件也不一样，根据不同的事件源可将事件分为鼠标事件、焦点事件、键盘事件、滚动条事件、页面事件和表单事件，具体事件名称和描述见表 5-1。

表 5-1 常见的 HTML 事件

事件类型	事件名称	事件触发描述
鼠标事件	onclick	在某元素对象上单击鼠标左键触发
	onmouseover	鼠标指针进入某元素内时触发
	onmouseout	鼠标指针离开某元素时触发
	onmousemove	鼠标指针进入某元素内，持续移动时持续触发
	onmousedown	鼠标指针进入某元素内，按住鼠标左键时触发
	onmouseup	松开鼠标左键时触发
焦点事件	onfocus	获得焦点时触发
	onblur	失去焦点时触发
键盘事件	onkeypress	键盘按键（shift、caps 等非字符键除外）被按下时触发
滚动条事件	onscroll	滚动条移动时触发
页面事件	onload	页面载入完毕后触发
表单事件	submit	表单提交时触发

在网站开发中还经常涉及一些鼠标属性，用来获取当前鼠标的位置信息，常用的鼠标位置属性见表 5-2。

表 5-2 鼠标事件位置属性

位置属性（只读）	描述
clientX	鼠标指针位于浏览器页面当前窗口可视区的水平坐标（X 轴坐标）
clientY	鼠标指针位于浏览器页面当前窗口可视区的垂直坐标（Y 轴坐标）

续表

位置属性（只读）	描述
pageX	鼠标指针位于文档的水平坐标（X 轴坐标），IE6 ～ IE8 不兼容
pageY	鼠标指针位于文档的垂直坐标（Y 轴坐标），IE6 ～ IE8 不兼容
screenX	鼠标指针位于屏幕的水平坐标（X 轴坐标）
screenY	鼠标指针位于屏幕的垂直坐标（Y 轴坐标）

5.3.2 事件的绑定方式

事件绑定指的是为某个元素对象的事件绑定事件处理函数，在 JavaScript 中提供了两种比较常用的绑定方式，分别为行内绑定式和动态绑定式。

1. 行内绑定式

事件的行内绑定式是通过 HTML 标签的属性设置实现的，具体格式如下：

< 标签名 事件名称 =" 函数名 (参数)">

2. 动态绑定式

动态绑定式很好地解决了 JavaScript 代码与 HTML 代码混合编写的问题。在 JavaScript 代码中，为需要事件处理的 DOM 元素添加匿名事件处理函数即可，具体格式如下：

```
元素对象 . 事件名称 =function (){
    函数体
}
```

行内绑定式与动态绑定式处理实现的语法不同以外，在函数体中出现的关键字 this 的指向也不同，前者函数体中如果出现 this 关键字，用于指向 window 对象；后者函数体中出现 this 关键字，用于指向当前正在操作的 DOM 对象。

需要注意的是，由于开发中提倡 JavaScript 代码与 HTML 代码相分离。因此，不建议使用行内绑定式。

5.3.3 事件的对象

在 JavaScript 中，当事件发生时，都会产生一个事件对象 event，这个对象中包含着所有与事件相关的信息，包括发生事件的 DOM 元素、事件的类型以及其他与特定事件相关的信息。例如，鼠标移动发生事件时，事件对象会包含鼠标位置（水平坐标、垂直坐标）等相关信息；按下键盘按键时，事件对象会包含按下按键的相关信息。

所有浏览器都支持事件对象 event，但是不同浏览器获取事件对象的方式有所不同。一般情况下直接使用 event 可以获取，而早期的 IE 浏览器则要通过 window.event 获取（本书不作介绍）。

【实例 5-5】追踪鼠标单击位置。

（1）打开"实例 5-5"文件夹中的 mouseBall.html 页面，在 <script> 标签中，输入以下代码：

```
1   var mouse = document.getElementById('mouse');
2   document.onclick=function (event) {
3       // 获取鼠标在页面上的位置
4       var pageX = event.pageX;
5       var pageY = event.pageY;
6       // 计算 <div> 应该显示的位置
7       var targetX = pageX - mouse.offsetWidth / 2;
8       var targetY = pageY - mouse.offsetHeight / 2;
9       // 在鼠标单击的位置显示 <div>
10      mouse.style.display = 'block';
11      mouse.style.left = targetX + 'px';
12      mouse.style.top = targetY + 'px';
13  }
```

（2）保存后，在浏览器中打开 mouseBall.html，运行效果如图 5-6 所示。

图 5-6　追踪鼠标单击位置

本例中，给文档对象 document 添加了单击事件，首先通过事件对象 event.pageX 和 event.pageY 获取鼠标的坐标位置；然后为了让圆形 div 的中心在鼠标指针的位置，通过 offsetWidth 和 offsetHeight 获取圆形 div 的宽度和高度计算中心点；最后再通过 style 属性设置圆形 div 的显示和位置。

任务 5.4 实施情况表

任务名称	操作元素		任务难度	★★★☆☆
任务简介	掌握操作元素内容的常用属性和获取、设置元素属性的方法			
专　　业		班　　级	组　　长	
组　　员		实施日期	年　月　日	
任务要求	1．使用不同的属性获取 div 标签的内容。 2．获取图片的地址属性并重新替换图片			

观测点		等级				自评	互评	教师评
		A	B	C	D			
课堂表现	学习态度	课前充分预习、课中积极主动、具有探索意识，表现优秀	能完成课前预习、课中认真听课、理解知识点，表现良好	简单预习、课中偶尔开小差、知识点掌握一般，表现一般	没有预习、课中基本不听课，表现较差			
	回答问题	对问题的理解到位，能准确回答问题，并能做到举一反三	对问题的理解到位，基本上能回答正确	对问题理解一般，需要提示才能回答	不理解问题意思，无法回答问题			
知识掌握	获取和设置元素内容	充分掌握获取和设置元素内容属性的方法，轻松完成任务要求1	掌握获取和设置元素内容属性的方法，能参考书本代码完成任务要求1	基本掌握获取和设置元素内容属性的方法，对任务要求1完成有一定的困难	未掌握获取和设置元素内容的属性，不能完成任务要求1			
	获取和设置元素属性	充分掌握获取和设置元素属性的方法，轻松完成任务要求2	掌握获取和设置元素属性的方法，能参考书本代码完成任务要求2	基本掌握获取和设置元素属性的方法，对任务要求2完成有一定困难	未掌握获取和设置元素属性的方法，不能完成任务要求2			

任务 5.4　操 作 元 素

在 JavaScript 中，如果要对获取的元素内容进行操作，则可以利用 DOM 提供的属性和方法改变网页内容、属性和样式的方法。

5.4.1　获取和设置元素内容

操作元素内容常用的属性见表 5-3。

表 5-3　操作元素内容常用的属性

属性	描述
元素名.innerHTML	设置或获取位于对象起始和结束标签内的 HTML
元素名.outerHTML	设置或获取对象及其内容的 HTML 形式
元素名.innerText	设置或获取位于对象起始和结束标签内的文本
元素名.outerText	设置（包括标签）或获取（不包括标签）对象的文本
元素名.TextContent	设置或者返回指定节点的文本内容，同时保留空格和换行

简而言之，innerHTML 和 outerHTML、innerText 与 outerText 的不同之处在于：

（1）innerHTML 与 outerHTML 在设置对象的内容时若包含 HTML 元素则会被解析，而 innerText 与 outerText 不会。

（2）在设置时，innerHTML 与 innerText 仅设置标签内的文本，而 outerHTML 与 outerText 设置包括标签在内的文本。

例如：对于"<div id="testdiv"><p>text in div</p></div>"这个 div 元素来说，outerHTML、innerHTML 以及 innerText 三者的区别，如图 5-7 所示。

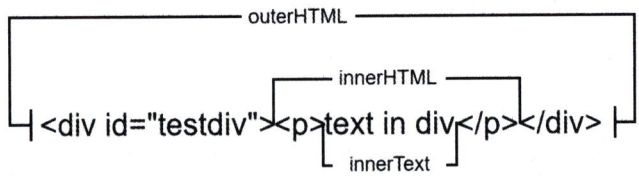

图 5-7　操作元素内容方法的区别

【实例 5-6】使用不同的属性获取 div 标签的内容。

（1）打开"实例 5-6"文件夹中的 opContent.html 页面，页面的代码为：

```
<!DOCTYPE html>
<html>
  <head>
    <meta charset="utf-8">
    <title> 对比操作元素内容属性的区别 </title>
  </head>
  <body>
```

```
<div id="box">
    奋斗是青春最亮丽的底色 ...
    <p>
        行动是青年最有效的磨砺 ...
        <a href="http://www.news.cn/politics/leaders/2022-05/10/c_1128638131.htm">
        习近平：在庆祝中国共产主义青年团成立100周年大会上的讲话 </a>
    </p>
</div>
</body>
</html>
```

（2）在 </body> 标签前插入以下代码：

```
<script type="text/javascript">
    var box=document.getElementById("box");
    console.log(box);
    console.log("box.innerHTML 内容为 :");
    console.log(box.innerHTML);
    console.log("box.outerHTML 内容为 :");
    console.log(box.outerHTML);
    console.log("box.innerText 内容为 :");
    console.log(box.innerText);
    console.log("box.outerText 内容为 :");
    console.log(box.outerText);
    console.log("box.textContent 内容为 :");
    console.log(box.textContent);
</script>
```

（3）保存后，在浏览器中打开 opContent.html，运行效果如图 5-8 所示。

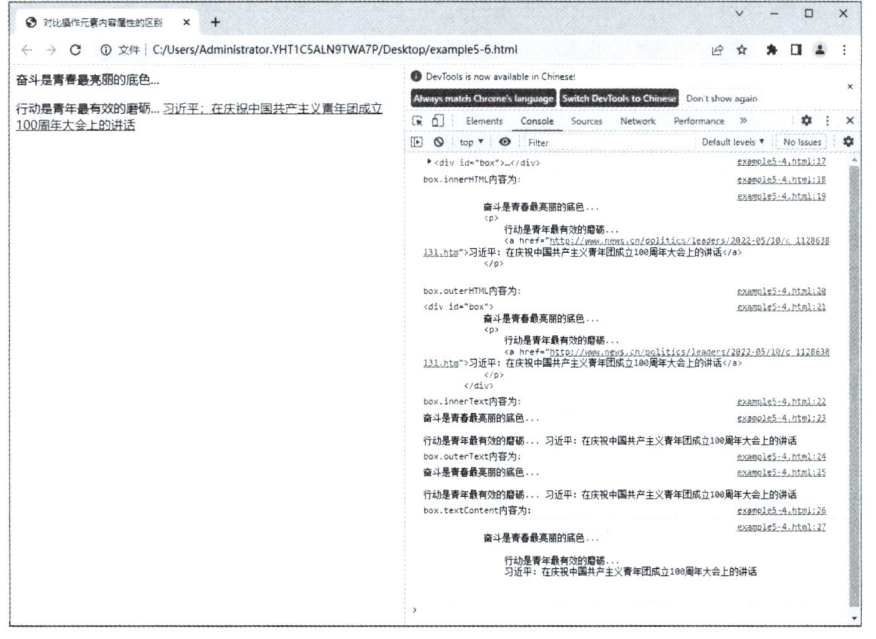

图 5-8　使用不同属性获取 div 内容

上述代码中，innerHTML 所获取的是 div 标签内的内容（不含 div 标签）；

outerHTML 所获取的是包含 div 标签在内的内容；innerText 与 outerText 所获取的内容是一样的，都是无格式的文本；TextContent 所获取的是带有段落格式的文本内容。

5.4.2 获取和设置元素属性

在 HTML 的元素中包含了很多属性，不同的元素可操作的属性也不一样，例如图片，我们可以操作它的 src 属性；又如单选、多选按钮，可以操作它的 checked、selected 等属性。

1. 获取元素属性

格式如下：

元素 .getAttribute(" 属性名 ")；   // 使用 getAttribute 方法获取
元素 . 属性名；   // 直接获取

2. 设置元素属性

格式如下：

元素 .setAttribute(" 属性名 "," 属性值 ")； // 使用 setAttribute 方法设置
元素 . 属性名 =" 属性值 ";

【实例 5-7】获取图片的地址属性，并重新替换图片。

（1）打开"实例 5-7"文件夹中的 changeSrc.html 页面，在 <script> 标签中输入以下代码：

```
1  var pic=document.getElementById("view");
2  function showSrc() {
3    console.log(pic.getAttribute("src"));
4    console.log(pic.src);
5  }
6  function changeSrc() {
7    // pic.setAttribute("src","images/library.jpg");
8    pic.src="images/library.jpg";
9  }
```

（2）为 2 个按钮绑定函数，代码为：

```
<button onclick="showSrc()"> 显示图片路径 </button>
<button onclick="changeSrc()"> 更改图片 </button>
```

（3）保存后，在浏览器中打开 changeSrc.html，运行效果如图 5-9 所示。

图 5-9　最终效果

上述代码中分别使用了两种方法获取和设置图片的 src 属性,其中使用 getAttribute() 方法获取到的是站点的相对路径,而直接通过 src 属性获取到的是带有服务器地址的路径。使用 setAttribute() 方法和使用 src 属性修改的效果是一样的。

小 结

本章主要介绍了 DOM 模型,DOM 模型的基本概念、组成和节点层次结构,重点介绍了 DOM 模型中获取元素的方法,还介绍了 JavaScript 的事件、事件分类、事件绑定方式和事件对象,最后讲解了操作元素的各种方法,通过这些方法来获取和设置元素的内容和属性。

课后练习

一、选择题

1. DOM 对象中,"O"代表的是(   )。
   A. Open   B. Model   C. Object   D. Node
2. <html> 标签是 DOM 树结构的(   )。
   A. 根节点   B. 子节点   C. 兄弟节点   D. sibling
3. DOM 对象中,getElementsByName() 的功能是(   )。
   A. 通过 id 获取元素   B. 通过标签名获取元素
   C. 通过名称获取元素   D. 通过类名获取元素
4. 下列选项中,可用于实现动态改变指定 div 元素中内容的是(   )。
   A. console.log()   B. document.write()
   C. innerHTML   D. 以上选项都可以
5. 下面可用于获取文档中全部 div 元素的是(   )。
   A. document.getElementsByTagName('div')
   B. document.getElementById('div')
   C. document.getElementsByName('div')
   D. 以上选项都可以
6. 网页中有一张图片,如果需要替换这张图片,用到的方法是(   )。
   A. getAttribute()   B. setAttribute()
   C. document.getElementsByName() D. innerHTML()
7. 以下代码执行后,在控制台输出的结果是(   )。

```
<div id="bomb">
  <p id="rain">
    下雨啦,滴答滴答
  </p>
```

```
</div>
<script type="text/javascript">
  var dt=document.getElementById("bomb").innerHTML;
  console.log(dt);
</script>
```

  A．下雨啦，滴答滴答

  B．<p id="rain"> 下雨啦，滴答滴答 </p>

  C．<div id="bomb"> <p id="rain"> 下雨啦，滴答滴答 </p></div>

  D．程序出错

8．以下代码 document.onkeydown=function (event) {…} 中，event 对象中保存的事件是（　　）。

  A．keydown B．keyup C．click D．mouseover

9．以下代码用于实现单击按钮弹出对话框的效果。在横线处应填写的正确代码是（　　）。

```
<button id="btn1"> 新闻热点 </button>
<script>
  var btn=document.getElementById("btn1");
  _____
</script>
```

  A．btn.onclick = function() { alert(' 周一见 '); }

  B．btn.onclick = alert(' 周一见 ');

  C．btn.click = function() { alert(' 周一见 '); }

  D．btn.click( )

二、填空题

1．DOM 的全称是 _____。

2．onsubmit( ) 属于 _____ 事件。

3．获取鼠标的 X 轴坐标，需要的属性是 _____。

4．属性 innerText 的功能是 _____。

5．事件具备的三要素是 _____。

实训 5 实施情况表

任务名称	鼠标拖拽 div		任务难度	★★★☆☆
任务描述	在网站开发时，经常会对页面的活动窗口提供可拖拽的特效，利用所提供的 HTML 页面完成拖拽特效的实现			
专　　业		班　　级	组　　长	
组　　员		实施日期	年　　月　　日	

观测点	完成内容	自评	互评	教师评
实训任务所涉及的知识点				
实训任务操作思路				

实训 5　鼠标拖拽 div

在网站开发时，经常会对页面的活动窗口提供可拖拽的特效，下面请利用所提供的 HTML 页面完成拖拽特效的实现。

（1）打开"实训 5 鼠标拖拽 div"文件夹中的 mouseDrag.html 页面，输入代码如下：

```html
<!DOCTYPE html>
<html>
 <head>
  <meta charset="UTF-8">
  <title> 鼠标拖拽 div</title>
  <style>
   body{margin:0}
   .box{width:400px;height:200px;border:5px solid #eee;box-shadow:2px 2px 2px 2px #666;position:absolute;top:30%;left:30%}
   .hd{width:100%;height:25px;background-color:#7c9299;border-bottom:1px solid #369;line-height:25px;color:#fff;cursor:move}
   #box_close{float:right;cursor:pointer}
   .bd{text-align: center;}
  </style>
 </head>
 <body>
  <div id="box" class="box">
   <div id="drop" class="hd">
    新建地址（可以拖拽）
    <span id="box_close">【关闭】</span>
   </div>
   <div class="bd">
    <p>用户姓名：<input type="text"></p>
    <p>联系电话：<input type="text"></p>
    <p>地址信息：<input type="text"></p>
    <p>备注信息：<input type="text"></p>
   </div>
  </div>
 </body>
</html>
```

（2）要实现在拖拽区按下鼠标左键时移动盒子，需要获取鼠标的位置和鼠标距离盒子的位置，因为盒子的位置（left 和 top 属性值）= 鼠标的位置（left 和 top 属性值）- 鼠标按下时鼠标与盒子之间的距离（left 和 top 属性值）。输入如下代码：

```html
<script>
// 获取被拖动的盒子和拖动条
var box = document.getElementById('box');
var drop = document.getElementById('drop');
drop.onmousedown = function(event) {  // 在拖动条上按下鼠标可拖动盒子
```

```
    // 获取鼠标按下时的位置
    var pageX = event.clientX;
    var pageY = event.clientY;
    // 计算鼠标按下的位置与盒子位置的距离
    var spaceX = pageX - box.offsetLeft;    //offsetLeft 代表元素距离文档左侧的距离
    var spaceY = pageY - box.offsetTop;     //offsetLeft 代表元素距离文档顶部的距离
  };
</script>
```

（3）获取了位置参数后再创建鼠标移动事件。通过"元素 .style.left"和"元素 .style.top"设置盒子移动后的位置，在上述代码的 drop.onmousedown 事件函数的最后插入以下代码：

```
document.onmousemove = function(event) {    // 鼠标移动的时候获取鼠标的位置，整个盒子跟着
                                            // 鼠标的位置移动
    // 获取移动后鼠标的位置
    var pageX = event.clientX;
    var pageY = event.clientY;
    // 计算并设置盒子移动后的位置
    box.style.left = pageX - spaceX + 'px';
    box.style.top = pageY - spaceY + 'px';
};
```

（4）当松开鼠标左键时，解除窗口的拖拽，在 drop.onmousedown 事件函数结束后，插入以下代码：

```
document.onmouseup = function() {    // 释放鼠标按键时 取消盒子的移动
    document.onmousemove = null;
};
```

（5）保存后，在浏览器中打开 mouseDrag.html，鼠标移动到"新建地址"栏按住鼠标左键实现拖拽，松开鼠标后停止，运行效果如图 5-10 所示。

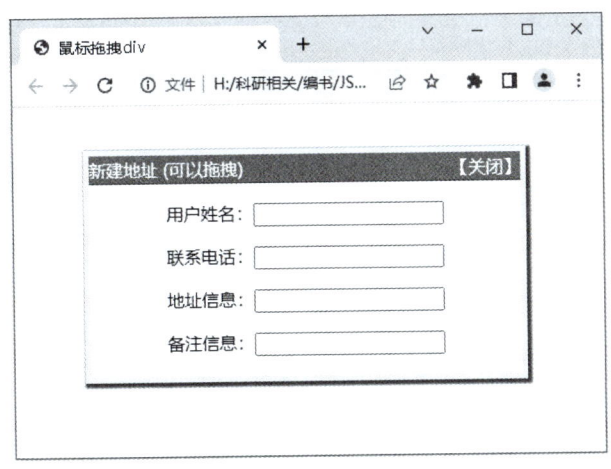

图 5-10　最终效果

项目 6
DOM 进阶操作

能力目标

★ 掌握 DOM 模型中节点的访问。
★ 掌握 DOM 模型中节点的操作方法。
★ 掌握 JavaScript 与 CSS 的交互。

思政目标

★ 贯彻新发展理念。
★ 厚植"三农"情怀，助力乡村振兴。
★ 激发学生爱国情怀，强国志和报国行。

素质目标

★ 帮助学生强化时间观念和遵守职业规范。
★ 帮助学生养成系统完整的科学道德素养。
★ 帮助学生树立热爱科学、崇尚创新的意识。

项目思维导图

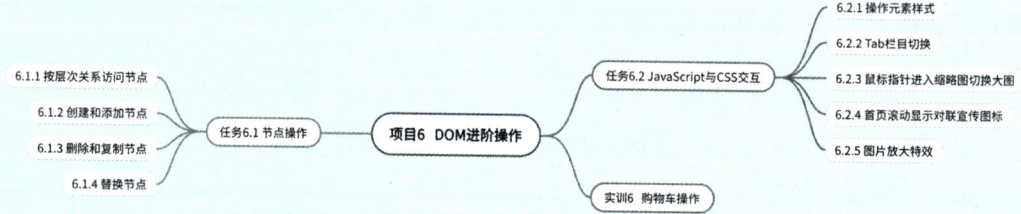

任务 6.1 实施情况表

任务名称	节点操作		任务难度	★★★☆☆		
任务简介	掌握按层次关系访问、创建、添加、删除、复制和替换节点的方法					
专　　业		班　　级		组　　长		
组　　员		实施日期		年　　月　　日		
任务要求	1. 实现按层次关系访问节点。 2. 使用创建和添加节点的方法实现评论发布效果。在文本区域输入评论内容，单击"发布"按钮后在评论区显示评论内容。 3. 使用删除和复制节点的方法实现评论管理效果。在任务要求 2 的基础上对评论区的内容进行删除和复制。 4. 通过替换节点的方法实现文字介绍与图片之间的切换					

观测点		等级				自评	互评	教师评
		A	B	C	D			
课堂表现	学习态度	课前充分预习、课中积极主动、具有探索意识，表现优秀	能完成课前预习、课中认真听课、理解知识点，表现良好	简单预习、课中偶尔小差、知识点掌握一般，表现一般	没有预习、课中基本不听课，表现较差			
	回答问题	对问题的理解到位，能准确回答问题，并能做到举一反三	对问题的理解到位，基本上能回答正确	对问题理解一般，需要提示才能回答	不理解问题意思，无法回答问题			
知识掌握	按层次关系访问节点	充分掌握按层次关系访问节点的方法，灵活实现任务要求 1	掌握按层次关系访问节点的方法，实现任务要求 1	基本掌握按层次关系访问节点的方法，在指导下能够实现任务要求 1	未能按要求实现任务要求 1			
	创建和添加节点	熟练掌握创建和添加节点的方法，能够实现任务要求 2	掌握创建和添加节点的方法，能够实现任务要求 2	基本掌握创建和添加节点的方法，在指导下能够实现任务要求 2	未能按要求实现任务要求 2			
	删除和复制节点	熟练掌握删除和复制节点的方法，能够实现任务要求 3	掌握删除和复制的方法，能够实现任务要求 3	基本掌握删除和复制节点的方法，在指导下能够实现任务要求 3	未能按要求实现任务要求 3			
	替换节点	熟练掌握替换节点的方法，能够实现任务要求 4	掌握替换节点的方法，能够实现任务要求 4	基本掌握替换节点的方法，在指导下能够实现任务要求 4	未能按要求实现任务要求 4			

任务 6.1　节　点　操　作

在项目 5 中已经介绍了 HTML 文档中的标签、元素等都是一个节点，各个节点之间都存在着联系，JavaScript 可以通过访问或改变节点的方式来改变页面的内容。本任务主要讲解使用 JavaScript 按层次方式对节点进行访问、删除、复制、替换等操作。

6.1.1　按层次关系访问节点

之前已经介绍过可以通过 getElement 系列方法查看 HTML 文档中的任何元素，但是 getElement 系列方法容易忽略文档的结构，因此在 HTML DOM 中还提供了表 6-1 所示的节点属性，这些属性遵循文档的结构，可以在文档中进行"近亲查找元素"。

表 6-1　节点属性

属性名称	描述
parentNode	返回当前节点的父节点
childNodes	返回当前节点的子节点集合
firstChild	返回当前节点的第一个子节点，常用在访问元素的文本节点
lastChild	返回当前节点的最后一个子节点
nextSibling	返回当前节点的下一个节点
previousSibling	返回当前节点的上一个节点

节点属性在网页中的应用非常多，下面通过实例了解节点的访问。

【实例 6-1】按层次关系访问节点。

（1）打开"实例 6-1"文件夹中的 index.html 页面，在 <script> 标签中输入以下代码：

```
1    var ul_obj=document.getElementById("ulist");           // 通过 Id 获取 ul 节点
2        console.log(ul_obj.parentNode);                    // 获取 ul 节点的父节点
3        console.log(ul_obj.childNodes);                    // 获取 ul 节点的所有子节点
4        console.log(ul_obj.firstChild.nextSibling);        // 获取 ul 节点的第一个子节点的下一个
                                                            // 子节点
5        console.log(ul_obj.lastChild.previousSibling);     // 获取 ul 节点的最后一个子节点的前一个
                                                            // 子节点
6    var li_objs=document.getElementsByTagName("li");       // 通过标签获取所有 li 节点
7        console.log(li_objs[1].previousSibling.previousSibling.innerHTML);   // 获取第一个 li 的内容
8        console.log(li_objs[1].nextSibling.nextSibling.innerHTML);           // 获取第三个 li 的内容
9        console.log(li_objs[1].nextSibling.nextSibling.firstChild);          // 获取第三个 li 节点
```

（2）保存后，在浏览器中打开 index.html，运行效果如图 6-1 所示。

本例中，首先获取了 ul 节点，然后通过 ul_obj.parentNode 访问到 ul 的父节点 section，通过 ul_obj.childNodes 获取到 ul 的所有子节点也就是 li 集合，但是在集合中除了 li 节点还包括了 text 节点，这里主要是因为 xml 会把换行符当作文本来处理，所以才会有 text 节点的出现。第一个 li 节点需要通过 ul_obj.firstChild.nextSibling 来获取，原因是根据子节点集合中的顺序，第一个子节点是 text，第二个才是 li。同理，最后一个 li 节点，要通过 ul_obj.lastChild.previousSibling 来获取，查找到最后一个节点 text，再查找前一个节点获取到 li。

接下来通过标签获取所有 li 集合，获取第一个 li 标签内的内容采用的是 li_objs[1].previousSibling.previousSibling.innerHTML 方法，其中 li_objs[1] 代表第二个 li 标签，第一个 previousSibling 获取到的是换行的 text，第二个 previousSibling 获取到的是第一个 li，最后通过 innerHTML 获取到"<a href="#"> 三月三购物节满 300 减 30</a>"。

图 6-1　按层次关系访问节点

6.1.2　创建和添加节点

在获取元素的节点后，还可以利用 DOM 提供的方法实现节点的添加，如创建一个 li 节点，或者为 li 节点创建一个文本节点等。在 DOM 中提供了相应生成元素节点的方法，由于这些元素是之前不存在的，是根据实际需要动态生成的，因此也称为动态创建节点，格式如下：

```
var newNode=document.createElement(" 标签名 ");
```

除了这个方法外，之前讲过的 document.write() 和 element.innerHTML 也可以对页面内容进行重写和添加，只是在选择插入位置时不够灵活。

创建了节点之后，需要设置节点的属性值和内容，然后再将新的元素节点插入到相应的位置。插入节点的方法有两种，具体格式如下：

```
parentNode.appendChild("创建的新节点变量名(newNode)");
parentNode.insertBefore("创建的节点(newNode)","指定的节点");
```

appendChild() 方法是将新节点添加到指定父节点的列表末尾，insertBefore() 方法是将新节点添加到父节点中指定的某一个节点之前。

【实例 6-2】在文本区域输入评论内容，点击"发布"按钮后在评论区显示评论内容。

（1）打开"实例 6-2"文件夹中的 index.html 页面，在 <script> 标签中输入以下代码：

```
1   // 获取元素
2   var btn = document.getElementById("btn");
3   var text = document.getElementById("comment");
4   var ul = document.getElementById("ul_comment");
5   var date=new Date();
6    nowdate=date.getFullYear()+' 年 '+(date.getMonth()+1)+' 月 '+(date.getDate())+' 日 '+
       date.getHours()+':'+date.getMinutes()+':'+date.getSeconds();    // 设置发表评论时间
7   btn.onclick = function() {   // 注册事件
8     if (text.value == '') {
9        alert(' 您没有输入内容 ');
10       return false;
11    } else {
12      var li = document.createElement('li');      // 创建元素
13      li.innerHTML = text.value+'<span>'+nowdate+'</span>';    // 设置 li 标签的内容
14      // ul.insertBefore(li, ul.firstChild);        // 在 ul 的第一个子元素之前插入元素
15      ul.appendChild(li);                  // 在 ul 的子元素末尾插入元素
16      text.value = '';                    // 将评论区内容清空
17    }
18  };
```

（2）保存后，在浏览器中打开 index.html，运行效果如图 6-2 所示。

图 6-2　显示评论

本例中，评论区列表 ul 元素在 HTML 代码中仅仅是一个标签，此处为按钮

创建了事件并绑定了匿名函数。当输入评论内容后单击按钮时，通过 document.createElement('li') 创建 li 元素，然后使用 li.innerHTML 设置 li 的内容，最后分别采用了两种方法将 li 插入到 ul 中。第 14 行代码所设置的是永远在 ul 的第一个元素之前插入新的 li 元素，第 15 行代码所设置的是永远在 ul 的末尾插入 li 元素。

6.1.3　删除和复制节点

在获取元素的节点后，除了可以进行添加和插入外，还可以对节点进行删除和复制操作。

1. 删除子节点

在删除节点前，必须先获取到要删除节点的父节点，格式如下：

```
parentNode.removeChild(" 子节点 ");      // 删除指定的子节点
```

2. 复制子节点

复制子节点前，必须先获取到要复制的节点元素，格式如下：

```
Node.cloneNode(Boolean);                 // 复制子节点，Node 为节点元素
```

cloneNode() 方法中的参数为 Boolean 值，默认值为 false，表示不复制子节点；true 表示复制子节点。

【实例 6-3】实现评论管理功能。可以对评论区的内容进行删除和复制。本例与实例 6-2 比较类似，默认在评论区已经显示了一条评论记录，同时添加了"删除"和"复制"两个超链接，单击"删除"按钮可以将当前记录删除，单击"复制"按钮则复制同样的一条记录并在末尾插入。

（1）打开"实例 6-3"文件夹中的 index.html 页面，在"删除"和"复制"的超链接按钮属性中分别绑定 del() 和 copy() 函数，同时以 this 作为传入当前的按钮对象，目的是可以通过当前的按钮去查找 ul 对象。

```
<li> 日啖荔枝三百颗，不辞长作岭南人 <a href="javascript:;" onclick="del(this)"> 删除 </a><a href="javascript:;" onclick="copy(this)"> 复制 </a><span>2022 年 5 月 14 日 11:00:00</span></li>
```

（2）在 <script> 标签中输入以下代码：

```
1  function copy(obj) {                                    // 复制元素并插入末尾
2      var li=document.getElementsByTagName("li")[0];      // 获取 li 元素集合中的第一个
3      var copy_li=li.cloneNode(true);                     // 复制 li 元素，同时包含子节点
4      obj.parentNode.parentNode.appendChild(copy_li);
5  }
6  function del(obj) {                                     // 删除 li 元素
7      obj.parentNode.parentNode.removeChild(obj.parentNode);
8  }
```

（3）保存后，在浏览器中打开 index.html，运行效果如图 6-3 所示。

本例中，分别为超链接创建 del(this) 和 copy(this) 函数完成删除和复制功能。this 在按钮中所指代的对象分别是超链接"<a href="javascript:;" onclick="del(this)"> 删除 </a>"和"<a href="javascript:;" onclick="copy(this)"> 复制 </a>"，这样在函数体中就可以通过 obj.parentNode.parentNode（形参 obj 的父节点的父节点）获取到 ul 元素对象，通过 obj.parentNode（形参 obj 的父节点）获取到 li 元素对象。

图 6-3　删除和复制评论

6.1.4　替换节点

在 DOM 中还提供了替换元素节点的方法，可以将目标元素修改为其他不同类型的元素，如 img 元素可以修改为 input 元素，格式如下：

parentNode.replaceChild(new_node, old_node)

其中，parentNode 为替换节点的父节点，参数 new_node 为指定新的节点，old_node 为被替换的节点。如果替换成功，则返回被替换的节点；如果替换失败，则返回 null。这里要特别注意的是，新的节点必须也要通过 createElement() 方法创建，设置属性后才能进行替换，否则替换后也是一个空元素。

【实例 6-4】实现文字介绍与图片之间的切换，单击标题旁的"点击看图片"按钮就切换为荔枝图片，同时将按钮文本修改为"查看文字介绍"，然后再单击按钮切换为文字介绍。

实现思路：首先获取文字介绍内容元素 <p> 和按钮，定义 index 变量，做切换按钮功能计数器，每执行一次函数 index 加 1。当 index 为奇数时，按钮功能为切换图片；当 index 为偶数时，按钮功能为切换文字。接着创建函数，并在函数中生成按钮的单击事件，通过 if 语句判断 index 变量的奇偶，为奇数则要创建 img 元素并设置属性后进行替换，为偶数时则替换回 <p> 元素。

（1）打开"实例 6-4"文件夹中的 index.html 页面，在 <script> 标签中输入以下代码：

```
1  var change = document.getElementById("change");        // 获取按钮
2  var content=document.getElementById("content");        // 获取内容
3  index=1;                                               // 切换按钮功能计数器
4  function change_pic() {
```

```
5    change.onclick=function () {
6      if ((index%2)==1) {
7        var img=document.createElement("img");        // 新建 img 标签
8        img.src="images/litchi.jpg";                  // 设置 img 属性
9        img.style.width="50%";
10       img.id="image";
11       content.parentNode.replaceChild(img,content); // 通过文字介绍获取父元素后替换
12       image=document.getElementById("image");       // 获取 img 标签为下一次替换做准备
13       change.innerHTML=" 查看文字介绍 ";
14     } else{
15       image.parentNode.replaceChild(content,image); // 通过图片获取父元素后替换
16       change.innerHTML=" 点击看图片 ";
17     }
18   index++;
19   }
20 }
21 window.onload=change_pic;
```

（2）保存后，在浏览器中打开 index.html，运行效果如图 6-4 所示。

图 6-4　文字和图片的切换

本例中进行元素替换时，一定要通过子元素查找父元素的方式来进行替换，如果直接通过 getElement 系列方法去获取父元素替换，会出现查找不到子元素的情况。本例主要是为了让大家理解 replaceChild() 方法的使用，也可以采用其他的方法完成。

任务 6.2 实施情况表

任务名称	JavaScript 与 CSS 交互			任务难度	★★★☆☆		
任务简介	熟练运用操作元素样式的两种方法实现 Tab 栏目切换、鼠标指针进入缩略图切换大图、首页滚动显示对联宣传图标、图片放大特效等效果						
专　业			班　级		组　长		
组　员			实施日期		年　月　日		
任务要求	1. Tab 栏目切换。 2. 鼠标指针进入缩略图切换大图。 3. 首页滚动显示对联宣传图标。 4. 图片放大特效						

观测点		等级				自评	互评	教师评
		A	B	C	D			
课堂表现	学习态度	课前充分预习、课中积极主动、具有探索意识，表现优秀	能完成课前预习、课中认真听课、理解知识点，表现良好	简单预习、课中偶尔开小差、知识点掌握一般，表现一般	没有预习、课中基本不听课，表现较差			
	回答问题	对问题的理解到位，能准确回答问题，并能做到举一反三	对问题的理解到位，基本上能回答正确	对问题理解一般，需要提示才能回答	不理解问题意思，无法回答问题			
知识掌握	操作元素样式	熟练掌握操作元素样式的两种方法	掌握操作元素样式的两种方法	基本掌握操作元素样式的两种方法	未掌握操作元素样式的方法			
	Tab 栏目切换	熟练掌握通过操作元素显示隐藏的方法实现 Tab 栏目切换的效果	掌握通过操作元素显示隐藏的方法实现 Tab 栏目切换的效果	基本掌握通过操作元素显示隐藏的方法实现 Tab 栏目切换的效果，但对代码不太理解	未能按要求完成 Tab 栏目切换效果			
	鼠标指针进入缩略图切换大图	熟练掌握操作元素样式结合鼠标事件实现鼠标指针进入缩略图切换大图效果	掌握操作元素样式结合鼠标事件实现鼠标指针进入缩略图切换大图效果	基本掌握操作元素样式结合鼠标事件实现鼠标指针进入缩略图切换大图效果	未能按要求实现鼠标指针进入缩略图切换大图效果			
	首页滚动显示对联宣传图标	熟练掌握操作元素样式实现首页滚动显示对联宣传图标效果	掌握操作元素样式实现首页滚动显示对联宣传图标效果	基本掌握操作元素样式实现首页滚动显示对联宣传图标效果	未能按要求实现首页滚动显示对联宣传图标效果			
	图片放大特效	熟练掌握操作元素样式实现图片放大特效	掌握操作元素样式实现图片放大特效	基本掌握操作元素样式实现图片放大特效	未能按要求实现图片放大特效			

任务 6.2　JavaScript 与 CSS 交互

通过 CSS 样式可以为网页元素添加不一样的样式效果，不过为了能动态地改变页面或局部区域的显示外观，还需要学习如何使用 JavaScript 控制 CSS 样式，也就是 CSS 样式特效。样式特效非常多，本任务主要讲解在商业网站中用得较多的一些样式特效，如 Tab 栏目切换、鼠标进入缩略图切换大图、首页滚动显示对联宣传图标和图片放大特效等效果。

为了简化 HTML 的页面代码，故在本任务案例中的 HTML 页面构成多数采用图片的方式填充，只有涉及案例的元素才会使用 HTML 的元素代码构成。

6.2.1　操作元素样式

操作元素样式的方法有两种：操作 style 属性和操作 className 属性。

1. 操作 style 属性

在 HTML DOM 中，style 是一个对象，代表一个单独的样式声明，可从应用样式的文档或元素访问 style 对象，其语法格式如下：

```
var 变量 = 元素名.style.样式名;         // 获取元素的样式
元素名.style.样式名=" 值 ";             // 设置元素的样式
```

样式名对应 CSS 样式名，但当 CSS 样式名中出现 "-" 时，需要将样式名的 "-" 去掉，然后将后半部分的英文首字母修改为大写，如 background-image 需要写为 backgroundImage。常用的 style 属性中 CSS 样式名称见表 6-2。

表 6-2　style 属性中 CSS 样式名称

名称	描述
backgroundImage	设置或返回元素的背景图片
display	设置或返回元素的显示类型，属性值一般为 block、none
fontSize	设置或返回元素的字号大小
width	设置或返回元素的宽度
height	设置或返回元素的高度
left	设置或返回元素距离文档内容左侧的宽度
top	设置或返回元素距离文档内容顶部的宽度
border	设置或返回元素的边框

2. 操作 className 属性

在开发中，如果样式修改较多，可以采取操作类名的方式更改元素样式，其格式为：

```
var 变量名 = 元素名.className;          // 获取元素类样式名;
元素名.className=" 类样式名 ";          // 设置元素类样式;
```

如果元素有多个类样式名，可以在 className 中以空格分隔。

6.2.2 Tab 栏目切换

标签栏在网站中的使用非常普遍,它的优势在于可以在有限的空间内展示多块的内容,用户可以通过标签在多个内容块之间进行切换。

本例主要是通过 JavaScript 代码操作元素的 index 属性、display 属性和 className 属性,其中 index 属性可返回下拉列表中选项的索引位置,可以方便地遍历元素并操作对应的元素。display 属性可以控制元素的隐藏和显示,与 display 属性相似的还有 visibility 属性,visibility 属性也是控制元素的隐藏和显示,但是两者的区别在于 visibility 属性中虽然元素被隐藏了,但它仍然占据它原来所在的位置,而 display 属性是将该元素实际上从页面中移走。className 属性是控制元素的样式应用的,可以设置或返回元素的 class 样式。

【实例 6-5】Tab 栏目切换。

(1) 打开"实例 6-5"文件夹中的 index.html 页面,本案例中关键的标签代码如下:

```
1  <div id="container">
2  <img src="./images/header.jpg" id="header">
3  <div class="tab">
4    <div class="tab_list">
5      <ul>
6        <li class="current"> 商品介绍 </li>
7        <li> 规格与包装 </li>
8        <li> 售后保障 </li>
9        <li> 商品评价(5000+)</li>
10     </ul>
11   </div>
12   <div class="tab_con">
13     <div class="item" style="display: block;">
14       <img src="./images/introduce.jpg">
15     </div>
16     <div class="item"><img src="./images/packing.jpg">  </div>
17     <div class="item"><img src="./images/service.jpg"></div>
18     <div class="item"><img src="./images/evaluate.jpg"></div>
19   </div>
20  </div>
21 </div>
```

其中,第 3~11 行和第 12~19 行的代码分别实现标签栏的标签部分和内容部分。标签部分第 1 个 li 添加了 current 样式,用于实现当前标签的选中效果。同样地,该标签下对应的内容块(div)中也添加了 display:block 样式,用于显示当前标签下的内容,隐藏其他标签下的内容。

(2) 在 <script> 标签中,实现标签栏切换的代码如下:

```
1  // 获取标签部分的所有元素对象
2  var tab_list = document.getElementsByClassName('tab_list');
3  var lis = tab_list[0].getElementsByTagName('li');
```

```
4      // 获取内容部分的所有内容对象
5      var items = document.getElementsByClassName('item');
6      for (var i = 0; i < lis.length; i++) { // for 循环绑定点击事件
7          lis[i].setAttribute('index', i); // 开始给 5 个 li 设置索引号
8          lis[i].onclick = function() {
9              for (var i = 0; i < lis.length; i++) {
10                 lis[i].className = '';
11             }
12             this.className = 'current';
13             // 显示内容
14             var index = this.getAttribute('index');
15             for (var i = 0; i < items.length; i++) {
16                 items[i].style.display = 'none';
17             }
18             items[index].style.display = 'block';
19         };
20     }
```

上述代码中,第 2 行和第 3 行获取了 tab_list 下的所有 li 元素,从第 5 行开始遍历标签部分的每一个元素对象 lis[i] 并绑定单击事件。在事件处理函数中,第 9 ～ 12 行代码是为单击的标签栏添加样式 current,其他未单击的将样式清除,同时,遍历 tab_con 标签下的所有 div 并通过 index 属性设置 display 的效果。

(3)保存后,在浏览器中打开 index.html,运行效果如图 6-5 所示。

图 6-5　Tab 栏目切换

6.2.3 鼠标指针进入缩略图切换大图

在商城网站的产品详情页中，我们经常可以看到当鼠标指针移入商品的缩略图时，就在将缩略图的大图片显示出来。本例中主要使用了鼠标的 onmouseover 和 onmouseout 事件，并通过"元素 .style. 样式名"对元素样式进行设置。

【实例 6-6】鼠标指针进入缩略图切换大图。

（1）打开"实例 6-6"文件夹中的 index.html 页面，本案例中关键的标签代码如下：

```
1  <div id="box_pic">
2    <div class="box1" id="box1">
3      <img class="img1" src="images/litchi-1.jpg" alt="#">
4    </div>
5    <div id="pic_list">
6      <div><img class="pic_small" src="images/litchi-1.jpg" alt="#"></div>
7      <div><img class="pic_small" src="images/litchi-2.jpg" alt="#"></div>
8      <div><img class="pic_small" src="images/litchi-3.jpg" alt="#"></div>
9      <div><img class="pic_small" src="images/litchi-4.jpg" alt="#"></div>
10   </div>
11 </div>
```

代码的第 2 ～ 4 行为大图显示区域以及当前显示的大图，第 5 ～ 10 行代码分别为 4 张缩略图。

（2）在 <script> 标签中，实现标签栏切换的代码如下：

```
1  var pic_smalls = document.getElementsByClassName("pic_small");
2  var pic_big = document.getElementsByClassName("img1")[0];
3  pic_smalls[0].style.border="1px solid red";
4  for (var i = 0; i < pic_smalls.length; i++) {
5    pic_smalls[i].onmouseover = function() {
6      pic_smalls[0].style.border="";
7      this.style.border = "1px solid red";
8      pic_big.src = this.src;
9    }
10   pic_smalls[i].onmouseout = function() {
11     this.style.border = "";
12   }
13 }
```

上述代码中，首先通过第 1 行和第 2 行代码分别获取了所有的缩略图元素和大图元素；接着默认给第一幅缩略图添加红色的边框；其次对缩略图进行遍历，为每一个缩略图对象添加 onmouseover 事件，并通过 this 指代当前的缩略图对象设置红色边框，以及将大图的图片路径修改为缩略图的图片路径；然后再为每一个缩略图对象添加 onmouseout 事件，当鼠标离开时取消设置的边框样式。

（3）保存后，在浏览器中打开 index.html，运行效果如图 6-6 所示。

图 6-6　鼠标指针进入缩略图切换大图

6.2.4　首页滚动显示对联宣传图标

在很多的网站首页中，当滚动条往下滚动到一定位置时，会在页面左右空白区域出现单个图片或者对联式的活动宣传图标，并且当滚动条一直往下滚动时，图标相对于浏览器的位置是固定的，当滚动条回到顶部或者是单击图标的"关闭"按钮时，图标隐藏不再显示。

【实例 6-7】首页滚动显示对联宣传图标。

（1）打开"实例 6-7"文件夹中的 scroll.html 页面，本案例中关键的标签代码如下：

```
<!DOCTYPE html>
<html>
  <head>
    <meta charset="utf-8" />
    <title> 首页滚动显示对联宣传图标 </title>
    <link rel="stylesheet" type="text/css" href="css/style.css" />
    <script type="text/javascript" src="js/scroll.js"></script>
  </head>
  <body>
    <div id="left" class="left"><img src="./images/Festival-1.jpg" id="left1" />
      <div id="closeDiv"> 关闭 </div>
    </div>
    <div id="right" class="right"><img src="./images/Festival-2.jpg" id="right1" />
      <div id="closeDiv" onClick="closeAdv(this)"> 关闭 </div>
    </div>
    <div class="top"><a href="#" ><img class="top" src="images/top.jpg" ></a></div>
    <div id="main"><img src="images/index.jpg" /></div>
  </body>
</html>
```

为了让页面的代码比较整洁,在 <head> 标签中引入外部的 <script> 文件。

(2) 在 scroll.js 文件中,首先获取元素的初始位置,代码如下:

```
1  function place() {      // 定义获取对联图片和返回顶部的元素位置
2    objLeft = document.getElementById("left");              // 定义获取左侧图片元素变量
3    objRight = document.getElementById("right");            // 定义获取右侧图片元素变量
4    objTop=document.getElementsByClassName("top")[0];       // 定义获取返回顶部图片元素变量
5    // 获取左侧图片元素顶部距离文档内容顶部边缘的距离
6    leftT = parseInt(document.defaultView.getComputedStyle(objLeft, null).top);
7    // 获取右侧图片元素顶部距离文档内容顶部边缘的距离
8    rightT = parseInt(document.defaultView.getComputedStyle(objRight, null).top);
9    // 获取返回顶部图片元素顶部距离文档内容顶部边缘的距离
10   objT=parseInt(document.defaultView.getComputedStyle(objTop, null).top);
11   // 分别设置三个元素为隐藏
12   objLeft.style.display="none";
13   objRight.style.display="none";
14   objTop.style.display="none";
15  }
16  window.onload = place;
```

上述代码中,首先通过 getElement 系列方法分别获取三个元素,然后使用 DOM 提供的 getComputedStyle() 方法获取元素的 CSS 样式,接着再通过操作 style 属性设置 display 属性为 none,最后用 window.onload=place 在页面加载完成调用函数。

(3) 设置当滚动条往下滚动时,确定元素新的位置,代码如下:

```
17  function move() {// 定义滚动条滚动显示图片函数
18    if (document.documentElement.scrollTop>500) {// 当滚动条滚动距离大于 500 时触发
19      // 分别设置三个元素为显示
20      objLeft.style.display="block";
21      objRight.style.display="block";
22      objTop.style.display="block";
23      // 设置三个元素的新位置
24      objLeft.style.top = leftT + parseInt(document.documentElement.scrollTop) + "px";
25      objRight.style.top = rightT + parseInt(document.documentElement.scrollTop) + "px";
26      objTop.style.top = rightT + parseInt(document.documentElement.scrollTop) + "px";
27    }else{
28      objLeft.style.display="none";
29      objRight.style.display="none";
30      objTop.style.display="none";
31    }
32  }
```

上述代码中,通过 document.documentElement.scrollTop 可以获取到滚动条在垂直方向上滚动的距离,如要获取水平方向的滚动距离,可以使用 document.documentElement.scrollLeft,但由于网页中一般不会出现水平滚动条,所以本例中不对此讲解。定义 move 函数,首先通过条件语句判断当垂直滚动距离大于 500 时显示三个元素，同时设置三个元素的新 top 为原 top 加上取整后的滚动条垂直滚动距离，同时还要加上单位 px，滚动距离小于 500 时隐藏三个元素。

（4）创建 closeAdv() 函数，并绑定到"关闭"按钮。

```
33  function closeAdv(obj) {     // 单击关闭按钮将元素隐藏
34      obj.parentNode.style.display = "none";
35  }
```

绑定按钮的代码如下：

```
<div id="closeDiv" onClick="closeAdv(this)"> 关闭 </div>
```

函数传递指代关系 this 对象，这是 this 所指代的是 <div>，然后通过 parentNode 查找到父元素宣传图片 <div> 标签，然后设置 display 为 none 即可。

（5）保存后，在浏览器中打开 scroll.html，运行效果如图 6-7 所示。

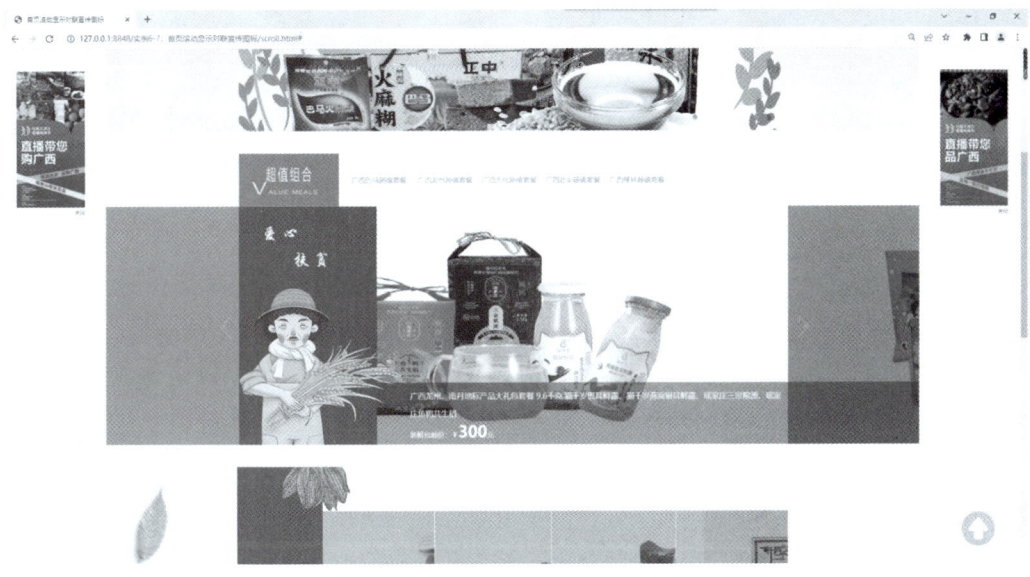

图 6-7 首页滚动显示对联宣传图标

6.2.5 图片放大特效

在商城网站的产品详情页中，我们经常可以看到当鼠标指针进入商品的预览图片时，在预览图片的右侧可以看到一个放大查看区域的细节图片，可以通过鼠标在预览图上移动查看不同部位的细节图片，当鼠标离开商品预览图片时，放大区域也隐藏。

【实例 6-8】制作图片放大特效。

（1）打开"实例 6-8"文件夹中的 index.html 页面，本实例中的 HTML 页面代码与实例 6-6 是相似的。

HTML 代码如下：

```
<div id="box_pic">
  <div class="box1" id="box1">
    <img class="img1" src="images/litchi-s.jpg" alt="#">
    <div id="box1_bg" class="box1_bg"></div>
```

```html
        <div id="big_img" class="big_img">
            <img class="big_imgs" src="images/litchi-1.jpg" alt="#">
        </div>
    </div>
    <div id="pic_list">
        <div><img class="pic_small" src="images/litchi-1.jpg" alt="#"></div>
        <div><img class="pic_small" src="images/litchi-2.jpg" alt="#"></div>
        <div><img class="pic_small" src="images/litchi-3.jpg" alt="#"></div>
        <div><img class="pic_small" src="images/litchi-4.jpg" alt="#"></div>
    </div>
</div>
```

样式代码如下：

```css
.box1_bg {
    /* 一开始要隐藏起来 */
    display: none;
    position: absolute;
    top: 0;
    left: 0;
    width: 300px;
    height: 300px;
    background-color: yellow;
    /* 透明效果 */
    opacity: .5;
    cursor: move;
}
/* 右边大盒子的样式 */
.big_img {
    /* 一开始要隐藏起来 */
    display: none;
    width: 515px;
    height: 515px;
    position: absolute;
    top: 0;
    left: 460px;
    border: 1px solid #999;
    overflow: hidden;
}
/* 大盒子里面的图片样式 */
.big_img .big_imgs {
    position: absolute;
    top: 0;
    left: 0;
    width: 800px;
}
```

整个案例可以分为两个部分：鼠标经过小图片盒子，黄色遮挡层和大图片盒子显示，离开后隐藏；黄色的遮挡层跟随鼠标移动，大图片跟随移动。

（2）在 <script> 标签中，实现鼠标经过小图片盒子，黄色遮挡层和大图片盒子显示，离开后隐藏2个盒子的功能，代码如下：

```
1   var box1 = document.getElementById('box1');        // 获取预览图元素
2   var bg = document.getElementById('box1_bg');       // 获取遮罩层元素
3   var big = document.getElementById('big_img');      // 获取放大图片元素
4   // 鼠标经过小图片盒子的时候，显示遮罩层和放大图片
5   box1.onmouseover = function() {
6       bg.style.display = 'block';                    // 显示遮罩层元素
7       big.style.display = 'block';                   // 显示放大图片
8   }
9   box1.onmouseout = function() {
10      bg.style.display = 'none';
11      big.style.display = 'none';
12  }
```

上述代码中，第1～3行代码分别为获取预览图、遮罩层和放大图片三个元素；第5～12行代码为预览图添加 onmouseover 和 onmouseout 事件，并通过修改遮罩层和放大图片的 display 属性完成显示与隐藏。

（3）制作黄色的遮挡层跟随鼠标移动，大图片跟随移动功能，代码如下：

```
13  box1.onmousemove = function(e) {
14      var x = e.pageX - this.offsetLeft;    // x 是鼠标到父盒子 x 的距离
15      var y = e.pageY - this.offsetTop;     // y 是鼠标到父盒子 y 的距离
16      // 最大移动距离，box1 盒子的大小减去遮罩层的盒子大小
17      var max_x = box1.offsetWidth - bg.offsetWidth;
18      var max_y = box1.offsetHeight - bg.offsetHeight;
19      if (max_x >= 0)
20          // 将坐标减去遮罩层盒子的一半，鼠标就落到遮罩层的中间位置
21          // 移动距离 X,Y
22          var X = x - bg.offsetWidth / 2;
23          var Y = y - bg.offsetHeight / 2;
24          // 设置一个边界令遮罩层无法超出 box1 的边框
25          if (X <= 0) {
26              X = 0
27          } else if (X >= max_x) {
28              X = max_x;
29          }
30          if (Y <= 0) {
31              Y = 0
32          } else if (Y >= max_y) {
33              Y = max_y;
34          }
35          // 把鼠标在盒子内的坐标给遮罩层，实现跟随鼠标移动效果
36          bg.style.left = X + 'px';
37          bg.style.top = Y + 'px';
38          // 右边图片跟随移动，有一个小算法：big_img_x，其计算过程为：
39          // 遮挡层移动距离（X）/ 遮挡层最大移动距离（max_x）= 大图片移动距离（bigX）/ 大
           // 图片移动的最大距离（big_img_x）
```

```
40      // 获取图片事件源
41      var big_img = document.getElementsByClassName('big_imgs')[0];
42      // 求大图片移动的最大距离
43      var big_img_x = big_img.offsetWidth - big.offsetWidth;
44      var big_img_y = big_img.offsetWidth - big.offsetWidth;
45      // 求大图片的移动距离
46      var bigX = X * big_img_x / max_x;
47      var bigY = Y * big_img_y / max_x;
48      big_img.style.left = -bigX + 'px';
49      big_img.style.top = -bigY + 'px';
50      }
```

上述代码是整个功能的核心部分，第 14 ～ 18 行代码用于计算鼠标移动时距离预览图左上角的距离，同时查看鼠标经过周围区域的图片；第 22 行和 23 行代码是利用鼠标距离图片的位置减去遮罩层宽度和高度的二分之一的方式，计算鼠标经过后遮罩层的显示位置；第 25 ～ 34 行代码是用于对遮罩层的可移动位置进行限定，不能超出预览图的大小；第 36 行和 37 行代码是设定遮罩层的显示位置；第 41 ～ 49 行代码是获取细节大图元素，并对大图的显示区域进行计算。

（4）保存后，在浏览器中打开 index.html，运行效果如图 6-8 所示。

图 6-8　图片放大特效

小　　结

本章介绍了 DOM 模型中的层次关系、访问节点的各种属性，主要说明了 DOM 模型中节点的创建、增加、删除、复制和替换等操作。创建节点使用方法 createElement()，增加节点使用的方法有 appendChild() 和 insertBefore()，删除和复制节点使用方法 removeChild() 和 cloneNode()，替换节点使用方法 replaceChild()。

本项目还介绍了 JavaScript 与 CSS 的交互，重点讲解了如何操作元素样式，包括 style 属性和 className 属性，鼠标事件 onmouseout、onmouseover 与 style 属性的结合，以及 display 属性、scrollTop 属性和 scrollLeft 属性的应用。

课 后 练 习

一、选择题

1. 下列选项中，可以实现创建元素的是（　　）。

    A．element.push('<p> 你好 </p>')

    B．element.pop('<p> 你好 </p>')

    C．element.innerHtml = '<p> 你好 </p>'

    D．document.createElement("p")

2. JavaScript 中，可通过 style 修改样式，下列可以改变文字的字体大小的选项是（　　）。

    A．font   B．font-size   C．font-Size   D．fontSize

3. 下列可以在网页中实现在"苹果"之后添加新节点的选项是（　　）。

    - 西瓜
    - 荔枝
    - 苹果

    A．appendChild( )   B．cloneNode( )

    C．insertBefore( )   D．firstChild

4. 以下属性中，可以获取当前节点的父节点的是（　　）。

    A．childNodes   B．firstChild   C．parentNode   D．lastChild

5. cloneNode( ) 方法中，括号内的默认值是（　　）。

    A．0   B．1   C．true   D．false

6. JavaScript 中，不能实现修改元素样式的属性是（　　）。

    A．style   B．className   C．display   D．true

7. 使用 JavaScript 控制 CSS 样式时，可用于控制元素隐藏的是（　　）。

    A．this.style.display = 'block'   B．this.style.display = 'none'

    C．this.style.color = '#ffcc00'   D．document.createElement("p")

8. 替换方法 replaceChild(new_node, old_node)，如果替换操作失败，则返回（　　）。

    A．null   B．1   C．true   D．false

9. 运行以下代码，实现的效果为单击"删除"按钮可以删除指定水果，则横线中的内容应该是（　　）。

```
<button id="bt1"> 删除 </button>
<ul id="fruits">
```

```
        <li> 西瓜 </li>
        <li id="apple"> 苹果 </li>
    </ul>
    <script>
      var bt1=document.getElementById("bt1");
      var child2=document.getElementById("apple");
      bt1.onclick=function(){
         _____
      }
    </script>
```

A．document.getElementById("fruits").removeChild(child2);

B．document.body.removeChild(child2);

C．document.body.appendChild(child2);

D．parentNode.removeChild(child2);

10．当鼠标光标移动到缩略图上时，会将对应大图片显示出来，此时激发了（   ）事件。

A．onmouseover

B．onmouseout

C．onclick

D．onmousedown

二、填空题

1．JavaScript 与 CSS 交互中，可用于控制元素的显示和隐藏的两个属性分别是_____和_____。

2．替换节点的方法 replaceChild(new_node, old_node)，其中 new_node 是指_____，old_node 是指_____。

3．用于返回子节点集合的方法是_____。

4．插入节点的方法 insertBefore(参数1,参数2)，其中参数1是_____，参数2是_____。

5．JavaScript 中，可通过 style 修改样式，则修改元素边框的代码是_____。

实训 6 实施情况表

任务名称	购物车操作		任务难度	★★★★★	
任务描述	购物车是商城网站中必不可少的一部分，结合 DOM 模型的相关内容实现商品数量的调整、删除商品、总价计算等效果				
专　　业		班　　级		组　　长	
组　　员		实施日期		年　　月　　日	
观测点	完成内容		自评	互评	教师评
实训任务所涉及的知识点					
实训任务操作思路					

实训 6　购物车操作

购物车是商城网站中的一部分，实训通过模仿购物车的页面操作，令读者重点理解元素节点之间的关系。本实训若使用 JavaScript 原生代码实现相对比较复杂且存在 Bug，如果采用 jQuery 或者网站后台开发相对简单。以下代码仅作参考。

（1）打开"实训 6:购物车"文件夹中的 shoppingcar.html 页面，HTML 页面的代码如下：

```html
<!DOCTYPE html>
<html>
 <head>
  <meta charset="utf-8">
  <title>购物车</title>
  <script src="./js/cart.js" type="text/javascript" charset="utf-8"></script>
  <link rel="stylesheet" type="text/css" href="./css/css.css" />
 </head>
<body>
  <div id="header"><img src="./images/header.png">
    <div class="schedule"></div>
  </div>
  <div class="Narrow">
   <ul class="title_name">
     <li><input type="checkbox" id="all" onclick="check_all()"></li>
     <li> 全选 </li>
     <li> 商品信息 </li>
     <li> 单价 </li>
     <li> 数量 </li>
     <li> 金额 </li>
     <li> 操作 </li>
   </ul>
   <ul class="products" id="products">
     <li id="li_1">
       <div><input type="checkbox" name="cb" onclick="check(this)"></div>
       <div><a href="#"><img src="images/product_img_10.jpg" /></a></div>
       <div> 甘十八 柠檬鸭 950g/ 盒 </div>
       <div>¥188.0</div>
       <div>
         <button type="button" onclick="minus(this);" class="jian">-</button>
         <input id="number" name="number" type="text" value="1" class="number_text">
         <button type="button" onclick="add(this);" class="jia">+</button>
       </div>
       <div>¥188.0</div>
       <div onclick="del(this)"><a href="javascript:void(0);"> 删除 </a></div>
     </li>
```

```html
        <li>
          <div><input type="checkbox" name="cb" onclick="check(this)"></div>
          <div><a href="#"><img src="images/product_img_12.jpg" /></a></div>
          <div> 陆川土猪腊肉 380g/ 袋 </div>
          <div>¥85.0</div>
          <div>
            <button type="button" onclick="minus(this);" class="jian">-</button>
            <input id="number" name="number" type="text" value="2" class="number_text">
            <button type="button" onclick="add(this);" class="jia">+</button>
          </div>
          <div >¥170.0</div>
          <div onclick="del(this)"><a href="javascript:void(0);"> 删除 </a></div>
        </li>
      </ul>
    </div>
    <div class="count">
      <p class="price"> 商品总价：（不含运费）<b class="totals">¥0</b></p>
      <p>
        <button class="tj" type="button" onclick="products_add()"> 添加商品 </button>
        <button class="fk" type="button" onclick=""> 马上付款 </button>
      </p>
    </div>
    <div id="footer" style="width: 1000px;margin: auto;">
      <img src="./images/footer.jpg"></div>
  </body>
</html>
```

（2）建立 cart.js 文件，添加商品。添加的商品为固定商品，读者可根据实际情况修改名称和图片，代码如下：

```javascript
function products_add() {
  var li=document.createElement("li");
  var div0=document.createElement("div");
  var cb=document.createElement("input");
  cb.type="checkbox";
  cb.name="cb";
  cb.setAttribute("onclick","check(this);");
  div0.appendChild(cb);
  li.appendChild(div0);
  var div1=document.createElement("div");
  var img=document.createElement("img");
  img.src="images/product_img_10.jpg";
  div1.appendChild(img);
  li.appendChild(div1);
  var div2=document.createElement("div");
  div2.innerHTML=" 甘十八 柠檬鸭 950g/ 盒 ";
  li.appendChild(div2);
```

```
        var div3=document.createElement("div");
        div3.innerHTML="¥188.0";
        li.appendChild(div3);
        var div4=document.createElement("div");
        var jian=document.createElement("button");
        jian.setAttribute("onclick","minus(this);");
        jian.className="jian";
        jian.innerHTML="-";
        div4.appendChild(jian);
        var number=document.createElement("input");
        number.id="number";
        number.name="number";
        number.type="text";
        number.value=1;
        number.className="number_text";
        div4.appendChild(number);
        var jia=document.createElement("button");
        jia.setAttribute("onclick","add(this);");
        jia.className="jia";
        jia.innerHTML="+";
        div4.appendChild(jia);
        li.appendChild(div4);
        var div5=document.createElement("div");
        div5.innerHTML="¥188.0";
        li.appendChild(div5);
        var div6=document.createElement("div");
        div6.setAttribute("onclick","del(this);");
        var del_a=document.createElement("a");
        del_a.href="#";
        del_a.innerHTML=" 删除 ";
        div6.appendChild(del_a);
        li.appendChild(div6);
        var old_li=document.getElementById("li_1");
        old_li.parentNode.appendChild(li);
    }
```

（3）删除商品，代码如下：

```
function del(obj) {
    if(confirm(" 确定要删除吗？ ")){
        obj.parentNode.parentNode.removeChild(obj.parentNode);
    }
}
```

（4）调整商品数量，代码如下：

```
function minus(obj) {
    num=obj.nextElementSibling.value;
    danjia=obj.parentNode.previousElementSibling.innerHTML;
```

```
        danjia=parseFloat(danjia.substr(1));
        if (num>1) {
          obj.nextElementSibling.value=num-1;
          xiaoji=obj.nextElementSibling.value*danjia;
          obj.parentNode.nextElementSibling.innerHTML="¥"+xiaoji;
        }
      }
      function add(obj) {
        num=parseInt(obj.previousElementSibling.value);
        obj.previousElementSibling.value=num+1;
        danjia=obj.parentNode.previousElementSibling.innerHTML;
        danjia=parseFloat(danjia.substr(1));
        xiaoji=obj.previousElementSibling.value*danjia;
        obj.parentNode.nextElementSibling.innerHTML="¥"+xiaoji;
      }
```

（5）选择单个商品计算总价，代码如下：

```
      function check(obj) {
        var zongjia=0;
        totals=document.getElementsByClassName("totals")[0];
        cb=document.getElementsByName("cb");
        for (i=0;i<cb.length;i++) {
          if (cb[i].checked) {
            xiaoji=obj.parentElement.parentElement.lastElementChild.previousElementSibling.innerHTML;
            xiaoji=parseFloat(xiaoji.substr(1));
            zongjia=totals.innerHTML;
            zongjia=parseFloat(zongjia.substr(1));
            zongjia=zongjia+xiaoji;
          }
        }
        totals.innerHTML="¥"+zongjia;
      }
```

（6）选中所有商品计算总价，代码如下：

```
      function check_all() {
        var zongjia=0;
        cb_all=document.getElementById("all");
        totals=document.getElementsByClassName("totals")[0];
        cb=document.getElementsByName("cb");
        if (cb_all.checked) {
          for (i=0;i<cb.length;i++) {
            cb[i].checked=true;
            xiaoji=cb[i].parentElement.parentElement.lastElementChild.previousElementSibling.innerHTML;
            xiaoji=parseFloat(xiaoji.substr(1));
            zongjia=zongjia+xiaoji;
          }
        } else{
          for (i=0;i<cb.length;i++) {
            cb[i].checked=false;
```

```
        }
        zongjia=0;
    }
    totals.innerHTML="¥"+zongjia;
}
```

（7）保存后，在浏览器中打开 shoppingcar.html，运行效果如图 6-9 所示。

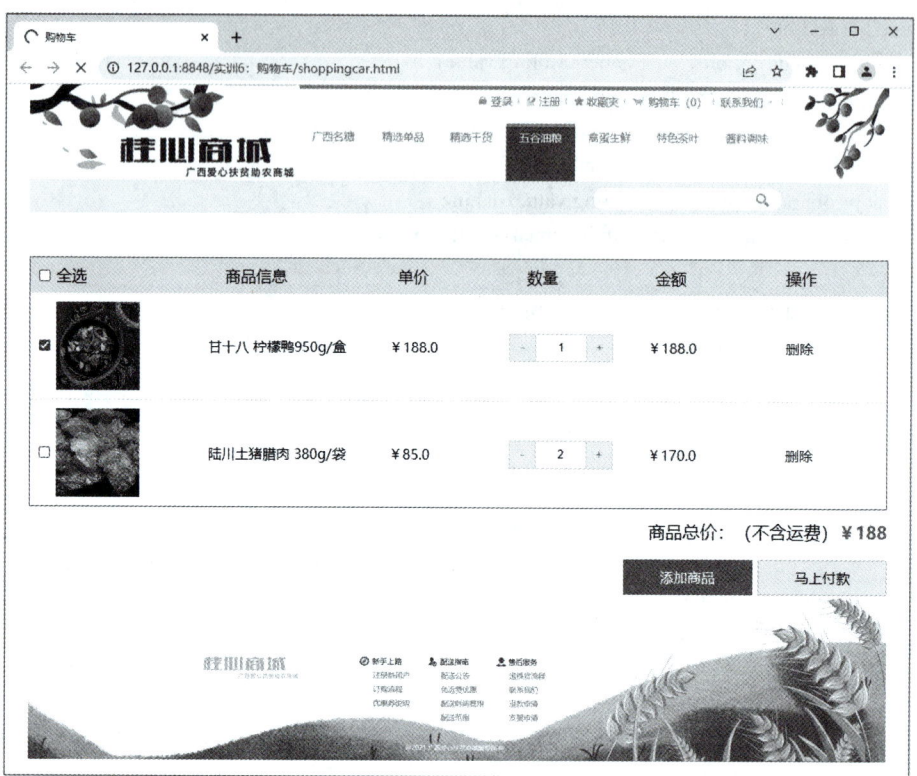

图 6-9　购物车页面

项目 7　BOM

能力目标

★ 理解 BOM 模型及其结构。
★ 理解 window 对象、document 对象、location 对象、history 对象、navigator 对象和 screen 对象。
★ 掌握 window 对象的重要属性和方法。
★ 掌握 location 对象、history 对象和 navigator 对象的使用。

思政目标

★ 培养学生坚持实事求是的态度。
★ 强化学生网络强国、数字中国的使命担当。
★ 引导学生成为身心健康、德才兼备的时代新人。

素质目标

★ 培养学生爱岗敬业、无私奉献的职业精神。
★ 培养学生诚实守信、忠诚事业的良好品德。
★ 培养学生团结协作、互帮互助的思想品质。

项目思维导图

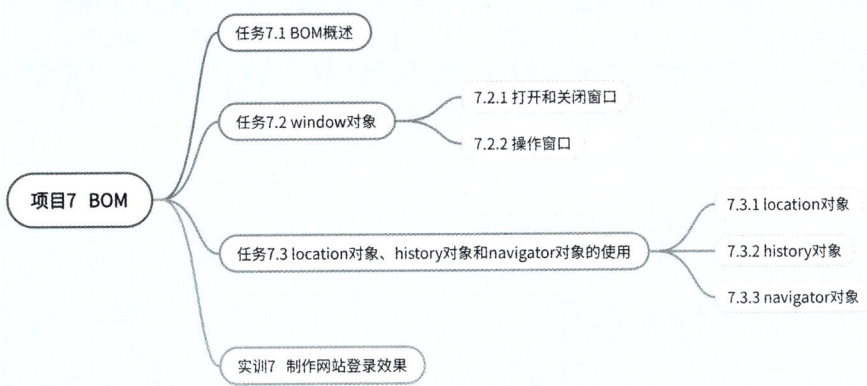

任务 7.1 实施情况表

任务名称	BOM 概述			任务难度	★☆☆☆☆		
任务简介	理解 BOM 模型，掌握 BOM 模型中的主要对象的使用方法						
专 业				班 级		组 长	
组 员				实施日期		年 月 日	
任务要求	掌握 BOM 模型的主要对象及描述						

观测点		等级				自评	互评	教师评
		A	B	C	D			
课堂表现	学习态度	课前充分预习、课中积极主动、具有探索意识，表现优秀	能完成课前预习、课中认真听课、理解知识点，表现良好	简单预习、课中偶尔开小差、知识点掌握一般，表现一般	没有预习、课中基本不听课，表现较差			
	回答问题	对问题的理解到位，能准确回答问题，并能做到举一反三	对问题的理解到位，基本上能回答正确	对问题理解一般，需要提示才能回答	不理解问题意思，无法回答问题			
知识掌握	BOM 概述	充分理解 BOM 模型	理解 BOM 模型	基本理解 BOM 模型	未能理解 BOM 模型			

任务 7.1　BOM 概述

JavaScript 经常需要操作浏览器窗口及窗口上的空间，用来实现用户和页面的动态交互。为此，浏览器提供了一系列内置对象，统称为浏览器对象，各内置对象之间按照某种层次组织起来的模型统称为浏览器对象模型（Browers Object Model，BOM），如图 7-1 所示。

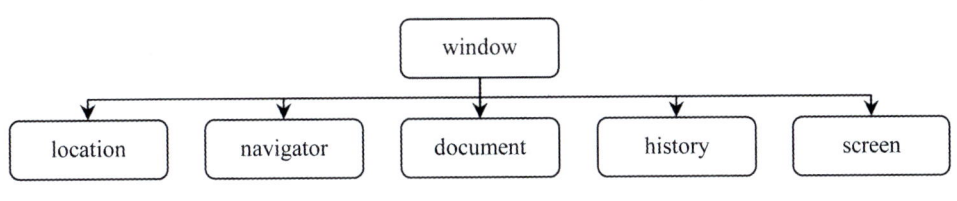

图 7-1　BOM 模型

window 对象是 BOM 的顶级对象，其下一层对象是 location、navigator、document、history 和 screen 对象，这些对象都是以属性的方式添加到 window 对象下，也可以称为 window 的子对象。BOM 模型的主要对象见表 7-1。

表 7-1　BOM 模型的主要对象

名称	描述
window	窗体对象，表示浏览器中打开的窗口。若 HTML 文档包含框架（frame），浏览器会为每个框架创建一个额外的 window 对象
document	DOM 模型的顶级对象，每个载入浏览器的 HTML 文档利用 document 可以对 HTML 页面中所有元素进行访问
location	浏览器窗口中当前 HTML 页面的 URL
navigator	浏览器对象包含有关浏览器的信息，如浏览器的名称、厂商、版本等
history	浏览器历史记录对象，记录浏览器访问过的 URL
screen	客户端显示器对象，包含有关显示器屏幕的信息，如高度、宽度等

在 BOM 中，document 和 location 对象比较特殊，document 既是 window 对象的属性，也是 DOM 模型中的顶级对象；location 既是 window 对象的属性，也是 document 对象的属性。

任务 7.2 实施情况表

任务名称	window 对象			任务难度	★★★☆☆		
任务简介	掌握 window 对象的常用属性和方法						
专　　业			班　　级		组　　长		
组　　员			实施日期		年　　月　　日		
任务要求	通过学习 window 对象常用属性和方法实现以下效果： 1．实现不同效果的打开和关闭窗口。 2．打开指定窗口，放大到一定大小后，将窗口移动到屏幕居中位置，然后再自动滚动文档内容						

观测点		等级				自评	互评	教师评
		A	B	C	D			
课堂表现	学习态度	课前充分预习、课中积极主动、具有探索意识，表现优秀	能完成课前预习、课中认真听课、理解知识点，表现良好	简单预习、课中偶尔开小差、知识点掌握一般，表现一般	没有预习、课中基本不听课，表现较差			
	回答问题	对问题的理解到位，能准确回答问题，并能做到举一反三	对问题的理解到位，基本上能回答正确	对问题理解一般，需要提示才能回答	不理解问题意思，无法回答问题			
知识掌握	打开和关闭窗口	充分理解 window 对象常用属性和方法，实现任务要求 1	理解 window 对象的常用属性和方法，实现任务要求 1	基本理解 window 对象的常用属性和方法实现任务要求 1	未能按要求实现任务要求 1			
	操作窗口	充分掌握操作窗口的方法，实现任务要求 2	掌握操作窗口的方法，实现任务要求 2	基本掌握操作窗口的方法，基本能够实现任务要求 2	未能按要求实现任务要求 2			

任务 7.2　window 对象

window 对象表示浏览器中打开的窗口，提供了关于浏览器窗口的状态信息。可以用 window 对象访问窗口中的 HTML 文档、窗口中发生的时间和影响窗口的浏览器特性。我们在前面内容中使用的 alert() 和 prompt() 方法就属于 window 对象的方法，window 对象的常用属性和方法见表 7-2。

表 7-2　window 对象的常用属性和方法

分类	名称	描述
属性	closed	返回窗口是否关闭，关闭返回 true，打开返回 false
	opener	返回对创建该窗口的 window 对象的引用
	parent	返回当前窗口的父窗口对象
	self	返回当前窗口对象
	top	返回最顶层窗口对象
	name	设置或返回窗口的名称
	innerheight	返回窗口的文档显示区的高度
	innerwidth	返回窗口的文档显示区的宽度
	outerheight	返回窗口的外部高度
	outerwidth	返回窗口的外部宽度
	screenLeft	返回相对屏幕窗口的 x 坐标（Firefox 不支持）
	screenTop	返回相对屏幕窗口的 y 坐标（Firefox 不支持）
	screenX	返回相对屏幕窗口的 x 坐标（IE8 不支持）
	screenY	返回相对屏幕窗口的 y 坐标（IE8 不支持）
方法	open()	打开一个新的浏览器窗口或查找一个已命名的窗口
	close()	关闭浏览器窗口
	alert()	弹出警告框，并显示提示信息和"确认"按钮
	prompt()	弹出提示框，显示提示信息、用户输入文本框、"确认"和"取消"按钮
	confirm()	弹出确认框，显示确认信息、"确认"和"取消"按钮
	focus()	把键盘焦点给予一个窗口
	blur()	把键盘焦点从顶层窗口移开
	moveTo()	以窗口的左上角为顶点，移动到一个指定坐标
	moveBy()	以窗口的左上角顶点的坐标为原点，移动指定的坐标
	resizeTo()	把当前窗口的大小调整到指定的宽度和高度
	resizeBy()	把当前窗口放大或缩小到指定的宽度和高度
	scrollTo()	把内容滚动到指定的坐标
	scrollBy()	按照指定的像素值来滚动内容

7.2.1 打开和关闭窗口

1. open() 方法

用于打开一个新的浏览器窗口,或查找一个已命名的窗口,语法格式如下:

windowName=window.open(URL,name,specs,replace)

windowName:可以省略,但如果 open 方法成功,则会返回一个 window 对象给 windowName。

URL:表示打开指定页面的 URL 地址,如果没有指定,则打开一个新的空白窗口。

name:指定 target 属性或窗口的名称,可选值见表 7-3。

表 7-3 name 可选值

可选值	描述
_blank	URL 加载到一个新的窗口,也是默认值
_parent	URL 加载到父框架
_self	URL 替换当前页面
_top	URL 替换任何可加载的框架集
name	窗口名称

specs:用于设置浏览器窗口的特征(如大小、位置、滚动),但是多个特征之间要使用逗号间隔,可选参数见表 7-4。

表 7-4 specs 可选参数

可选值	描述
width、height	窗口文档显示区的高度、宽度,以像素为单位
left、top	窗口左上角顶点的 x 坐标、y 坐标,以像素为单位
toolbar=yes|no|1|0	是否显示浏览器的工具栏,默认是 yes
scrollbars=yes|no|1|0	是否显示滚动条,默认是 yes
location=yes|no|1|0	是否显示地址栏,默认是 yes
status=yes|no|1|0	是否显示状态栏,默认是 yes
menubar=yes|no|1|0	是否显示菜单栏,默认是 yes
resizable=yes|no|1|0	窗口是否可调节尺寸,默认是 yes
titlebar=yes|no|1|0	是否显示标题栏,默认是 yes
fullscreen=yes|no|1|0	是否使用全屏模式显示浏览器,默认是 no

replace:Boolean 值,表示是否替换浏览历史中的当前条目,默认值为 false,表示创建新的条目。

在 specs 可选值中,toolbar、scrollbars、location、status、menubar、resizable、titlebar、fullscreen 属性只在 IE8 以下版本的浏览器中起作用,Chrome、Firefox、360 极速浏览器等浏览器并没有相应的效果。

2. close() 方法

用于关闭浏览器窗口，语法格式如下：

window.close()
close();
this.close();
self.close();

以变量的形式保存的窗口，也可以通过窗口对象的 close 方法关闭，语法如下：

windowName.close();

【实例 7-1】打开和关闭窗口。

（1）打开"实例 7-1"文件夹中的 index.html 页面，该页面主要通过按钮绑定不同的函数，打开不同属性类型的窗口，分别为每个按钮的 onclick 事件绑定了对应功能的函数，其 HTML 代码如下：

```
1  <html>
2  <head>
3  <meta charset="UTF-8">
4  <meta http-equiv="Content-Type" content="text/html; charset=gb2312" />
5  <title>用不同属性打开和关闭窗口</title>
6  <style type="text/css">input {height: 50px;font-size: 15px;}</style>
7  </head>
8  <body>
9  <input type="button" value=" 打开空白窗口 " onclick="open_blank()" /><br>
10 <input type="button" value=" 新窗口打开百度页面 " onclick="open_baidu()" /><br>
11 <input type="button" value=" 关闭空白窗口 " onclick="close_blank()" /><br>
12 <input type="button" value=" 关闭当前窗口 " onclick="close_win()" /><br>
13 <input type="button" value=" 打开 adv.html 窗口 " onclick="open_adv()" /><br>
14 <input type="button" value=" 设置属性打开 adv.html 窗口 " onclick="open_attr_adv()" />
15 </body>
16 </html>
```

（2）添加 <script> 标签，并在标签中输入以下代码：

```
1  <script type="text/javascript">
2  function open_blank() {/* 打开空白窗口 */
3    blank_win=window.open(""," _blank");
4  }
5  function open_baidu() {/* 新窗口打开的网站 */
6    window.open("http://www.baidu.com"," _blank");
7  }
8  function close_win() {/* 关闭当前窗口 */
9    window.close();
10 }
11 function close_blank() {/* 关闭打开的空白窗口 */
12   blank_win.close();
13 }
14 function open_adv() {/* 打开 adv.html 窗口 */
15   window.open("adv.html");
16 }
17 function open_attr_adv() {/* 打开固定大小的窗口，设置宽、高等属性 */
18   advWin = window.open("adv.html", "advWin", "height=281,width=813");
19 }
```

```
20    function close_advWin() {
21        advWin.close();
22    }
23    setTimeout("close_advWin()",3000);
24 </script>
```

- 第 2～4 行代码，open_blank() 函数体中通过 blank_win=window.open(); 方法打开空白窗口，其中 blank_win 为打开的窗口对象，open() 方法设置 URL 为空，name 属性为加载到一个新窗口，如果是在谷歌浏览器中运行，则是打开一个空白的标签。
- 第 5～7 行代码，open_baidu() 函数体中通过 window.open("http://www.baidu.com","_blank"); 打开百度页面，当打开的 URL 为网站地址时，需要加上"http://"。
- 第 8～10 行 close_win() 函数体中通过 window.close(); 关闭窗口，在页面上的 window 对象都指代的是当前的页面，故关闭的是 index.html。
- 第 11～13 行代码，close_blank() 函数体中的关闭方法是 blank_win.close();，blank_win 是在 open_blank() 函数中的窗口对象，故关闭的是弹出的空白窗口。
- 第 14～16 行代码，open_adv() 函数体中通过 window.open("adv.html"); 打开自定义页面 adv.html。
- 第 17～19 行代码，open_attr_adv() 函数体通过 advWin=window.open("adv.html","advWin", "height=281,width=813"); 打开一个 advWin 的窗口对象，并设置窗口的宽度为 813 像素，高度为 281 像素，这里的宽度和高度的设置是根据页面图片的尺寸大小进行设置的，目的是让页面显示图片时不出现滚动条。
- 第 20～23 行代码，close_advWin() 函数体中通过 advWin.close(); 关闭打开的 advWin 窗口对象，然后通过 setTimeout() 方法调用，3 秒后自动关闭窗口。这种操作也是宣传广告中比较常用的方法，通过 window.onload 函数自动打开（本例中未演示），通过 setTimeout() 方法设置自动关闭。

注意：现在大多数的浏览器为了防止恶意的弹窗，在打开窗口时都是默认禁止通过页面弹出新窗口的，如果出现这种情况只需要在弹出的警告中设置允许弹出即可。

（3）保存后，在浏览器中打开 index.html，运行效果如图 7-2 所示。

图 7-2　采用不同属性打开窗口

7.2.2 操作窗口

BOM 中提供了用来获取或更改 window 窗口位置、窗口高度与宽度、文档区域高度与宽度的相关属性和方法。

1. 移动窗口

window.moveTo(x,y);

移动窗口到（x,y）坐标，x 是窗口左上角开始的水平坐标，y 是窗口左上角开始的垂直坐标。

window.moveBy(x,y);

相对窗口的当前坐标把它移动指定的（x,y）坐标，x 代表移动的水平距离，y 代表移动的垂直距离。

2. 改变窗口大小

window.resizeTo(x,y);

将当前窗口改成 x 和 y 的尺寸大小，x 代表宽度，y 代表高度。

window.resizeBy(x,y);

相对窗口当前的尺寸大小改变 x 和 y 的大小，当 x>0，y>0 时为放大，反之为缩小。

3. 窗口滚动

window.scroll(x,y);

window.scrollTo(x,y);

当页面出现滚动条时，滚动到指定坐标（x,y）（相对文档的左上角）。

window.scrollBy(x,y);

将文档滚动指定的距离，如果参数 x 为正数，向右滚动，否则向左；如果参数 y 为正数向下滚动，否则向上。

【实例 7-2】打开指定窗口，放大到一定大小后，将窗口移动到屏幕居中位置，然后自动滚动文档内容。

（1）打开"实例 7-2"文件夹中的 index.html 页面，页面主要通过按钮绑定不同的函数，打开不同属性类型的窗口，分别为每个按钮的 onclick 事件绑定了对应功能的函数，其 HTML 代码如下：

```
1  <html>
2  <head>
3      <meta charset="UTF-8">
4      <meta http-equiv="Content-Type" content="text/html; charset=gb2312" />
5      <title> 操作窗口 </title>
6      <style type="text/css">
7          input {height: 50px;font-size: 15px;margin-top: 10px;}
8      </style>
9  </head>
10 <body>
11     <input type="button" value=" 打开窗口 " onclick="open_win()" /><br>
12     <input type="button" value=" 放大窗口 " onclick="resize_win()" /><br>
13     <input type="button" value=" 移动窗口 " onclick="move_win()" /><br>
14     <input type="button" value=" 滚动窗口 " onclick="scroll_win()" />
```

15 </body>
16 </html>

（2）添加<script>标签，并在标签中输入以下代码：

```
1  <script type="text/javascript">
2   function open_win() {
3     win = window.open("adv.html", "","height=100,width=100");
4   }
5   winwidth=5; // 放大窗口的初始值
6   function resize_win() {
7     if (win.outerWidth<484) { // 窗口的外部宽度小于图片的宽度时放大窗口
8       win.resizeBy(5,5);
9       winwidth+=10; // 判断窗口放大的步长
10    }else{
11      clearTimeout(timer);
12    }
13    timer=setTimeout("resize_win()", 50); // 设置每50毫秒执行一次窗口放大
14  }
15  function move_win() {
16    // 计算窗口的居中位置
17    Swidth=(window.screen.availWidth-win.outerWidth)/2;
18    Sheight=(window.screen.availHeight-win.outerHeight)/2;
19    win.moveTo(Swidth,Sheight);
20  }
21  pos = 0; // 定义滚动条的初始值
22  function scroll_win() {
23    pos+=2; // 滚动条每次滚动的距离
24    win.scrollTo(0,pos); // 设置垂直方向滚动，水平方向不变
25    clearTimeout(timer);
26    var timer = setTimeout("scroll_win()",10); // 设置每10毫秒执行一次滚动
27  }
28  </script>
```

- 第2～4行代码，open_win()函数体中通过win = window.open("adv.html", "","height=100,width=100"); 打开adv.html页面，并设置窗口的初始大小、宽度和高度均为100。

- 第5～14行代码，首先设置放大窗口的初始变量winwidth，然后创建resize_win()函数，在函数体中判断窗口的外边框宽度小于484（页面图片宽度为450，为了让页面不出现水平滚动条，所以设置的外边框宽度要略大于图片宽度）时，win.resizeBy(5,5)对窗口进行放大，同时设置窗口放大的步长为10，最后设置定时器，每50毫秒执行一次窗口放大，直至窗口外边框宽度达到484时，清除定时器。

- 第15～20行代码，move_win()函数体用于计算窗口的居中位置，其原理如图7-3所示，window.screen.availWidth和window.screen.availHeight分别为屏幕的高度和宽度（以屏幕分辨率来获取），win.outerWidth和win.outerHeight分别为打开窗口的外边框高度和宽度（包含标题栏、地址栏等），两者相减后得到的值

除以 2 就可以得到窗口左上角顶点的 x 和 y 坐标,然后再通过 win.moveTo(x,y) 的方法移动就可以将窗口居中。

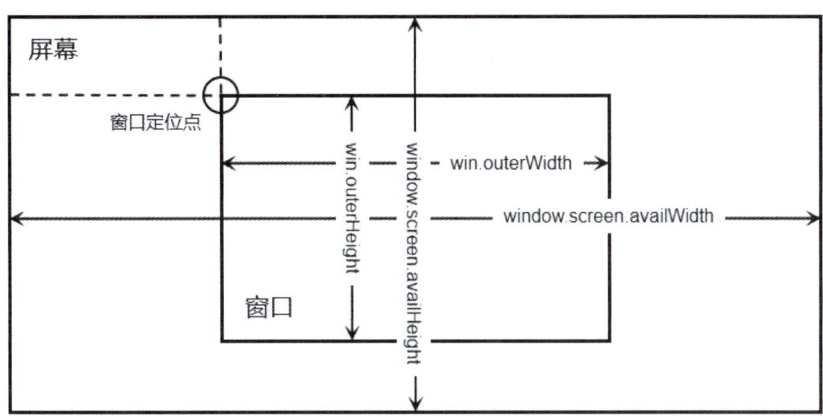

图 7-3　计算窗口定位原理图

- 第 21 ～ 27 行代码,首先设置滚动条的初始变量 pos,然后创建 scroll_win() 函数,设置滚动条移动的步长(滚动条滚动的速度),接着通过 win.scrollTo(0,pos); 方法对文档区内容进行滚动,最后定义定时器每隔 10 毫秒调用函数实现自动滚动。

注意:通过父窗口操作子窗口,在打开子窗口时一定要声明窗口对象,而且在进行子窗口操作时只能对子窗口对象操作一次,重复操作则会报错。

(3)保存后,在浏览器中打开 index.html,运行效果如图 7-4 所示。

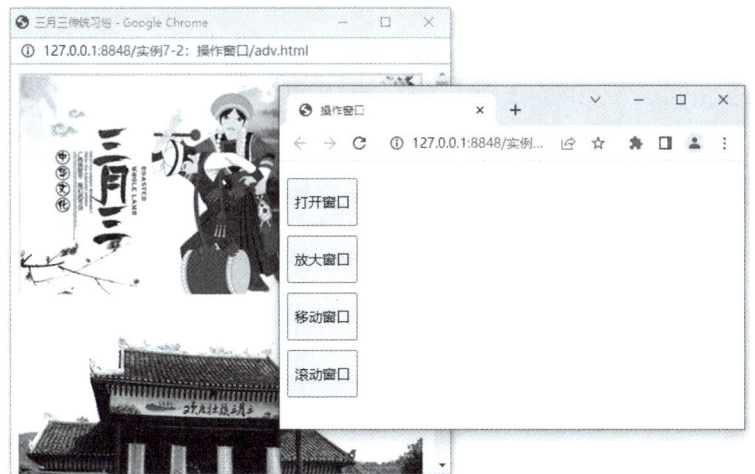

图 7-4　操作窗口

任务 7.3 实施情况表

任务名称		location 对象、history 对象和 navigator 对象的使用		任务难度	★★★☆☆		
任务简介		掌握 location 对象、history 对象、navigator 对象常用的属性、方法与其具体应用					
专 业			班 级		组 长		
组 员			实施日期		年 月 日		
任务要求		1．通过 location 对象的 href 属性结合定时器实现定时跳转效果。 2．通过 history 对象的常用属性和方法实现访问历史记录的效果。 3．通过 navigator 对象常用的属性和方法获取不同浏览器 navigator 的属性值					

观测点		等级				自评	互评	教师评
		A	B	C	D			
课堂表现	学习态度	课前充分预习、课中积极主动、具有探索意识，表现优秀	能完成课前预习、课中认真听课、理解知识点，表现良好	简单预习、课中偶尔开小差、知识点掌握一般，表现一般	没有预习、课中基本不听课，表现较差			
	回答问题	对问题的理解到位，能准确回答问题，并能做到举一反三	对问题的理解到位，基本上能回答正确	对问题理解一般，需要提示才能回答	不理解问题意思，无法回答问题			
知识掌握	location 对象	充分掌握 location 对象常用的属性和方法，能够轻松实现任务要求 1	掌握 location 对象常用的属性和方法，能够实现任务要求 1	基本掌握 location 对象常用的属性和方法，在指导下实现任务要求 1	未能实现任务要求 1			
	history 对象	充分掌握 history 对象常用的属性和方法，能够轻松实现任务要求 2	掌握 history 对象常用的属性和方法，能够实现任务要求 2	基本掌握 history 对象常用的属性和方法，在指导下实现任务要求 2	未能实现任务要求 2			
	navigator 对象	充分掌握 navigator 对象常用的属性和方法，能够轻松实现任务要求 3	掌握 navigator 对象常用的属性和方法，能够实现任务要求 3	基本掌握 navigator 对象常用的属性和方法，在指导下实现任务要求 3	未能实现任务要求 3			

任务 7.3　location 对象、history 对象和 navigator 对象的使用

location 对象、history 对象和 navigator 对象可以获取或设置浏览器的历史记录、URL 和浏览器信息。

7.3.1　location 对象

location 对象提供的方法，可以更改当前用户在浏览器中访问的 URL，实现新文档的载入、重载以及替换等功能。location 对象常用的属性和方法见表 7-5。

表 7-5　location 对象的常用属性和方法

名称	描述
host	设置或返回主机名和当前 URL 的端口号
hostname	设置或返回当前 URL 的主机名
href	设置或返回完整的 URL
reload()	重新加载当前文档
replace()	用新的文档替换当前文档

通过"location.属性名"的方式，即可获取当前用户访问 URL 的指定部分，通过"location.属性名 = 值"的方式可以改变当前加载的页面。location 对象常用的属性是 href，通过为其设置不同的网址，可以实现跳转功能。

【实例 7-3】定时跳转功能。

（1）打开"实例 7-3"文件夹中的 index.html 页面，页面主要是提供一个短时的信息提示，然后利用定时器功能实现 3 秒后跳转到其他页面，其 HTML 代码如下：

```
1   <!DOCTYPE html>
2   <html>
3    <head>
4     <meta charset="UTF-8">
5     <title> 定时跳转 </title>
6     <style>
7      body{background:gray;}
8      div{margin:20px auto;width:350px;height:150px;border:1px solid #000;background:white;
              padding:10px;}
9      h2{text-align:center;}
10     span{font-size:150%;color:red;margin:0 10px;}
11    </style>
12   </head>
13   <body>
14    <div>
15     <h2> 提交成功 </h2>
```

```
16    <a href="./adv.html">
17      <span id="seconds">3</span> 秒后系统会自动跳转，也可单击此链接跳转
18    </a>
19   </div>
20  </body>
21 </html>
```

（2）在 <script> 标签中，输入以下代码：

```
1  <script type="text/javascript">
2    function pageJump(secs, url) {
3      var seconds = document.getElementById('seconds');
4      seconds.innerHTML = --secs;
5      if (secs > 0) {
6        setTimeout('pageJump(' + secs + ', "' + url + '")', 1000);
7      } else {
8        location.href = url;
9      }
10   };
11   pageJump(4, './adv.html');
12 </script>
```

创建 pageJump() 函数，并传入倒计时秒数 secs 和跳转页面地址 url，第 3 和第 4 行代码用于将初始的秒数减 1 后写入到指定的位置；第 5 ～ 9 行代码用于判断时间 secs 是否大于 0，如果大于 0 则继续倒计时，否则就跳转到指定页面；第 11 行代码调用 pageJump() 函数，并传入倒计时 4 秒（因为页面加载时算 1 秒，故实际倒计时为 3 秒）和页面地址。

（3）保存后，在浏览器中打开 index.html，运行效果如图 7-5 所示。

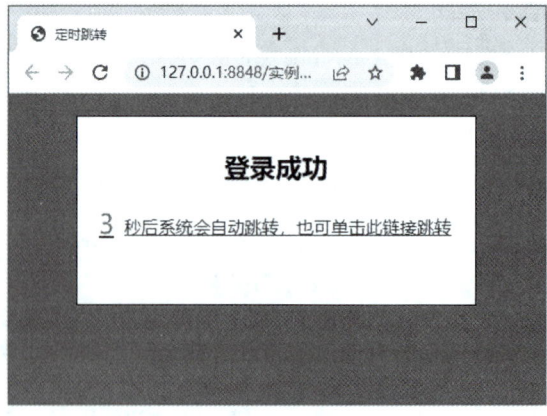

图 7-5　定时跳转

7.3.2　history 对象

history 对象提供用户最近浏览过的 URL 列表。出于隐私方面的考虑，history 对象不再允许脚本访问已经访问过的实际 URL，但可以使用 history 对象提供的逐个返回访问过的页面的方法，具体的相关属性和方法见表 7-6。

表 7-6　history 对象的常用属性和方法

名称	描述
length	返回历史记录列表中的网址数
back()	加载 history 列表中的前一个 URL
forward()	加载 history 列表中的后一个 URL
go()	加载 history 列表中的某个具体 URL

1. back() 方法

使用该方法会让浏览器加载前一个浏览过的文档,等同于单击了浏览器中的"后退"按钮。

```
history.back();
```

2. forward() 方法

使用该方法会让浏览器加载后一个浏览过的文档,等同于单击了浏览器中的"前进"按钮。

```
history.forward();
```

3. go() 方法

该方法中的 n 是一个具体的数字,当 n>0 时,载入历史列表中往前数的第 n 个页面;当 n=0 时,载入当前页面;当 n<0 时,载入历史列表中往后数的第 n 个页面。

```
history.go(1);    // 代表前进 1 页,相当于按浏览器中的"前进"按钮,等价于 forward() 方法。
history.go(-1);   // 代表后退 1 页,相当于按浏览器中的"后退"按钮,等价于 back() 方法。
```

【实例 7-4】访问历史记录。

(1) 在"实例 7-4"文件夹中建立 show1.html,输入以下代码:

```
1  <!DOCTYPE html>
2  <html>
3  <head>
4      <meta charset="UTF-8">
5      <title> 历史记录跳转 </title>
6  <style type="text/css">
7      body{text-align: center;}
8  </style>
9  </head>
10 <body>
11     <img src="images/1.jpg" ><br>
12     <a href="javascript:history.back();"> 返回历史记录的上一页 </a>
13     <a href="show1.html">1</a>
14     <a href="show2.html">2</a>
15     <a href="show3.html">3</a>
16     <a href="show4.html">4</a>
17     <a href="javascript:history.forward();"> 进入历史记录的下一页 </a>
18 </body>
19 </html>
```

第 11 行代码将 images 文件夹的图片添加到页面中,并设置样式为居中对齐;第 12 行代码设置了 <a> 标签的超链接属性是返回历史记录的上一页,首次运行并未切换过页面时则无效果；第 13 行和第 14 行代码是设置 4 个页面的跳转；第 17 行代码设置了 <a> 标签的超链接属性是返回历史记录的下一页，没有返回过上一页则操作时无效果。

（2）对应建立 show2.html、show3.html 和 show4.html 页面，并修改页面的图片为 "2.jpg" "3.jpg" "4.jpg"。

（3）保存后，在浏览器中打开 show1.html，运行效果如图 7-6 所示。

注意：加载以前访问过的页面时，页面通常是从浏览器缓存中加载，而不是重新要求服务器发送新的网页。

图 7-6　访问历史记录

7.3.3　navigator 对象

navigator 对象包含了浏览器的相关信息，但是不同内核的浏览器中的 navigator 对象都有一套自己的属性。navigator 对象提供了获取浏览器信息的属性和方法见表 7-7。

表 7-7　navigator 对象的属性和方法

名称	描述
appCodeName	返回浏览器的内部名称
appName	返回浏览器的名称
appVersion	返回浏览器的平台和版本信息
cookieEnable	返回浏览器中是否启用 cookie 的布尔值
platform	返回运行浏览器的操作系统平台
userAgent	返回由客户机发送服务器的 User-Agent 头部的值
javaEnable()	指定是否在浏览器中启用 Java

navigator 属性中最常用的是 userAgent，主要用来返回不同客户端发送到服务器的 User-Agent 头部的值。语法格式如下：

```
window.navigator.userAgent;
```

【实例 7-5】获取不同浏览器 navigator 的属性值。

（1）打开"实例 7-5"文件夹中的 index.html 页面，输入如下代码：

```
1  <!DOCTYPE html>
2  <html>
3  <head>
4      <meta charset="utf-8" />
5      <meta name="viewport" content="width=device-width, initial-scale=1">
6      <title> 获取不同浏览器 navigator 的属性值 </title>
7  </head>
8  <body>
9  <script type="text/javascript">
10     document.write(" 浏览器的名称 :"+navigator.appName+"<br>");
11     document.write(" 浏览器的操作系统平台 :"+navigator.platform+"<br>");
12     document.write(" 浏览器是否启用 cookie:"+navigator.cookieEnabled+"<br>");
13     document.write(" 浏览器的 User-Agent:"+navigator.userAgent);
14 </script>
15 </body>
16 </html>
```

（2）保存后，在不同浏览器中打开 index.html，运行效果如图 7-7 所示。

Chrome 浏览器

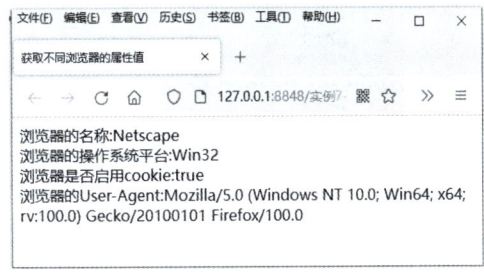

Firefox 浏览器

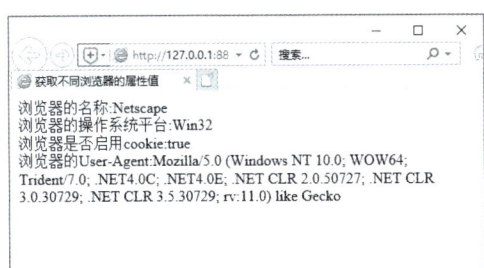

IE 浏览器

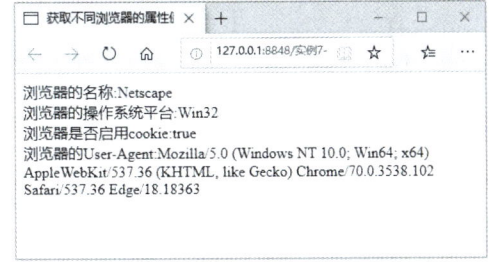

Edge 浏览器

图 7-7　获取不同浏览器 navigator 的属性值

小　　结

本章主要介绍了 BOM 模型及其结构，还有 BOM 模型中的 window、document、

location、history、navigator 和 screen 对象，重点讲解了 window 对象的重要属性和方法，以及 location、history、navigator 对象的使用。

课 后 练 习

一、选择题

1. 在 BOM 模型中，（   ）对象是顶级对象。
   A．document   B．location   C．screen   D．window
2. 可用于关闭当前窗口的语句是（   ）。
   A．window.close()   B．window.open()
   C．alert()   D．prompt()
3. 在 JavaScript 中，如果不指明对象直接调用某个方法，则该方法默认属于（   ）对象。
   A．document   B．window   C．form   D．location
4. history 从属于 window，下列方法能访问前一页面的是（   ）。
   A．go(-1)   B．back(1)   C．back(-1)   D．forward(-1)
5. window.resizeTo(350,450)，该代码的功能是把窗口的（   ）调整为 450。
   A．宽度   B．长度   C．高度   D．位移
6. 使用 location 对象时，如果需要实现网页跳转功能，对应的属性是（   ）。
   A．host   B．href   C．link   D．reload
7. window.resizeBy(0,-50)，该代码的功能是把窗口的高度（   ）。
   A．缩小   B．放大   C．不变   D．增加
8. open() 方法中，参数 "toolbar" 的描述是（   ）。
   A．工具栏   B．滚动条   C．标题栏   D．全屏模式
9. BOM 中，字母 B 表示（   ）。
   A．Body   B．Model   C．Browser   D．Object
10. window.moveTo( ) 的功能是（   ）。
   A．移动窗口   B．改变窗口大小   C．窗口滚动   D．关闭窗口

二、填空题

1. BOM 的全称是 _____。
2. _____ 既是 window 对象的属性，也是 document 对象的属性。
3. confirm() 方法的功能是弹出对话框，显示确认信息和 _____、_____ 按钮。
4. open() 方法中，将 URL 加载到一个新窗口的属性是 _____。
5. 把焦点给予一个窗口的方法是 _____。

实训 7 实施情况表

任务名称	制作网站登录效果		任务难度	★★★★☆
任务描述	一般商城都具备用户登录功能，本任务使用了 JavaScript 脚本模拟网站登录效果。 （1）打开 login.html 页面模拟登录效果，因为没有数据库的支持，用户名使用 admin，密码使用 123456 进行登录。 （2）输入用户名和密码后，单击"登录"按钮，判断用户名和密码是否匹配，如果匹配则弹出 welcome.html 欢迎登录窗口（窗口 3 秒后自动关闭），同时通过 location 跳转到 index.html 页面。 （3）如果用户名和密码不匹配，则通过 location 跳转到 error.html 页面。 （4）在 index.html 和 error.html 页面均提供"返回"按钮，单击该按钮回到"login.html"页面			
专　　业		班　　级	组　　长	
组　　员		实施日期	年　月　日	
观测点	完成内容		自评	互评	教师评
实训任务所涉及的知识点					
实训任务操作思路					

实训 7　制作网站登录效果

一般商城都具备用户登录功能，本任务使用了 JavaScript 脚本模拟网站登录效果。要求网站具备以下功能：

（1）打开 login.html 页面模拟登录效果，因为没有数据库的支持，用户名使用 admin，密码使用 123456 进行登录。

（2）输入用户名和密码后，单击"登录"按钮，判断用户名和密码是否匹配，如果匹配则弹出 welcome.html 欢迎登录窗口（窗口 3 秒后自动关闭），同时通过 location 跳转到 index.html 页面。

（3）如果用户名和密码不匹配，则通过 location 跳转到 error.html 页面。

（4）在 index.html 和 error.html 页面均提供"返回"按钮，单击该按钮回到 login.html 页面。

操作方法：

（1）打开"实训 7：仿网站登录效果"文件夹中的 login.html 页面，HTML 页面的登录任务代码如下：

```
1   <div class="login">
2     <div class="style_login clearfix">
3       <form>
4         <div class="layout">
5           <div class="login_title"> 用户登录 </div>
6           <div class="item item-fore1">
7             <label for="loginname" class="login-label name-label"></label>
8             <input id="userName" type="text" class="text" placeholder=" 请输入用户名 ">
9           </div>
10          <div class="item item-fore2">
11            <label for="nloginpwd" class="login-label pwd-label"></label>
12            <input id="Password" type="password" class="text" placeholder=" 请输入密码 ">
13          </div>
14          <div class="auto-login">
15            <label class="auto-label">
16              <input type="checkbox" id="rememberMe">
17              <span> 记住账号和密码 </span>
18            </label>
19          </div>
20          <div class="login-btn">
21            <a href="javascript:;" id="login" class="btn_login"> 登       录 </a>
22          </div>
23          <div class="login_link"><a href=""> 免费注册 </a> | <a href="#"> 忘记密码 </a></div>
24        </div>
25      </form>
26    </div>
27    <div class="login_img"><img src="images/login_img_03.png" /></div>
28  </div>
29 </div>
```

在 </html> 标签前引入 JavaScript 文件，代码如下：

```html
<script src="js/login.js" type="text/javascript" charset="utf-8"></script>
```

（2）login.js 的代码如下：

```
1  var loginbtn=document.getElementById("login");
2  var wleft=(window.screen.availWidth-507)/2;  // 定位至打开窗口的居中位置
3  var wtop=(window.screen.availHeight-304)/2;
4  loginbtn.onclick=function () {  // 登录按钮事件函数
5      userName=document.getElementById("userName").value;  // 获取用户名文本框输入内容
6      password=document.getElementById("Password").value;  // 获取密码文本框输入内容
7      if (userName==""||password=="") {  // 用户名和密码不能为空
8          alert(" 请输入用户名和密码！ ");
9      }else{
10         if (userName=="admin"&&password=="123456") {
11             // 打开欢迎窗口，并设置窗口位置居中
12             win=window.open("welcome.html","","width=507,height=304,top="+wtop+",left="+wleft);
13             location.href = "index.html";  // 登录成功，跳转到主页
14         } else{
15             location.href = "error.html";  // 登录失败，跳转到出错页
16         }
17     }
18 }
```

（3）welcome.html 是在实例 7-3 的 index.html 基础上修改的，<body> 标签代码如下：

```html
1  <body>
2      <div>
3          <h2> 登录成功 </h2>
4          <span id="seconds">3</span> 秒后自动关闭
5      </div>
6  <script type="text/javascript">
7      function pageJump(secs) {
8          var seconds = document.getElementById('seconds');
9          seconds.innerHTML = --secs;
10         if (secs > 0) {
11             setTimeout('pageJump(' + secs + ')', 1000);
12         } else {
13             this.close();
14         }
15     };
16     pageJump(4);
17 </script>
18 </body>
```

（4）在 index.html 页面中设置返回的超链接，<body> 标签的代码为：

```html
1  <body>
2      <div class="demo">
3          <p><span> 欢 </span><span> 迎 </span><span> 登 </span><span> 录 </span></p>
4          <p> 请 <a href="javaScript:history.back()"> 返回 </a></p>
5      </div>
6  </body>
```

（5）在 error.html 页面中设置返回的超链接，<body> 标签的代码为：

```
1  <body>
2    <div class="demo">
3      <p><span> 出 </span><span> 错 </span><span> 了 </span></p>
4      <p> 用户名或者密码不对，请 <a href="javaScript:history.back()"> 返回检查 </a></p>
5    </div>
6  </body>
```

（6）保存后，在浏览器中打开 login.html，分别输入正确和错误的用户名与密码进行调试，运行效果如图 7-8 和图 7-9 所示。

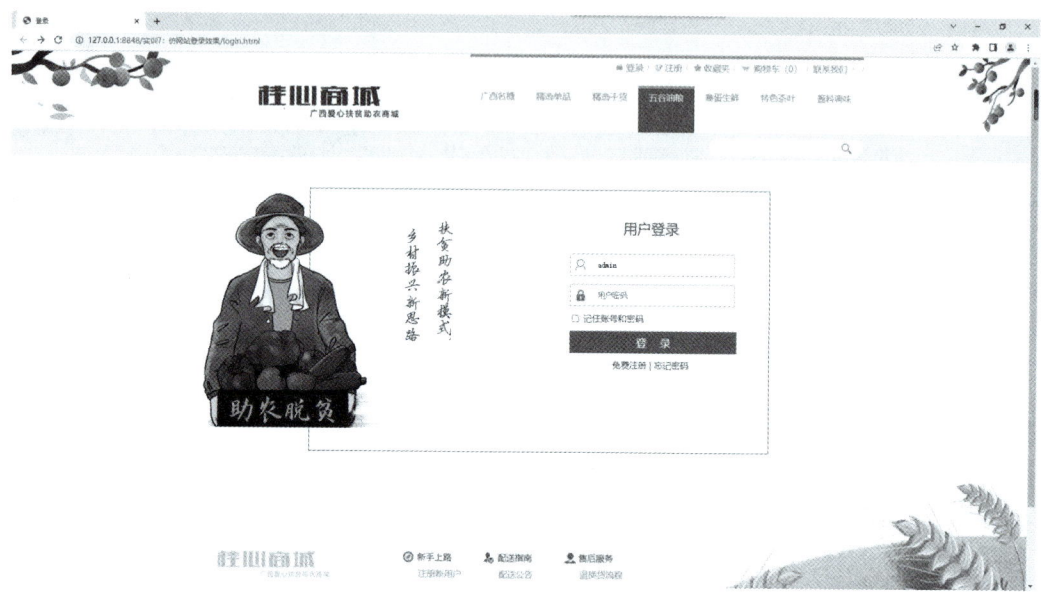

图 7-8　网站登录页

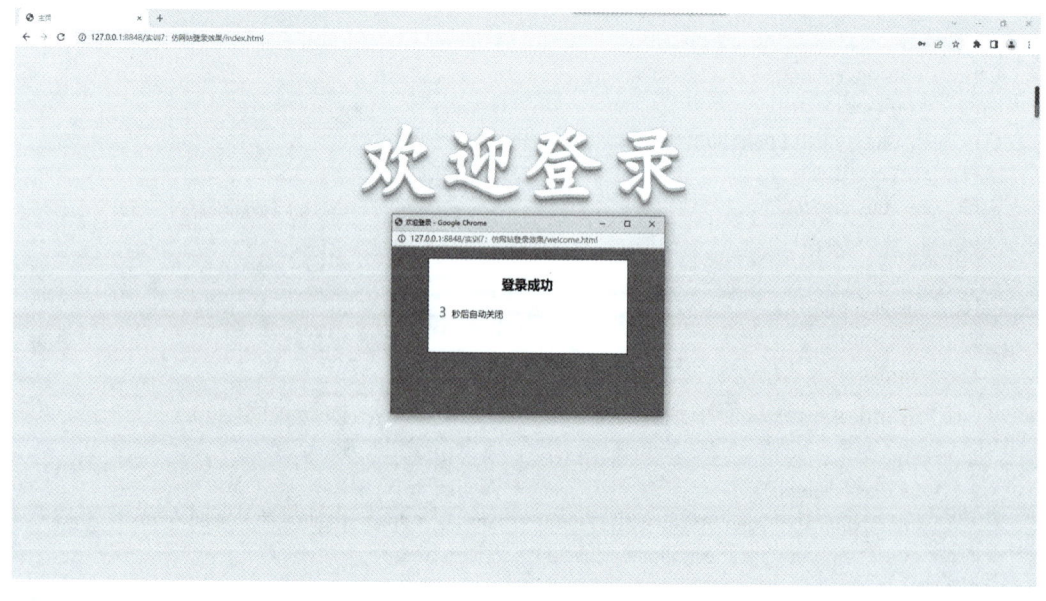

图 7-9　网站登录效果

项目 8　jQuery 基础

能力目标

- ★ 理解 jQuery 库。
- ★ 掌握 jQuery 库的引入。
- ★ 理解 jQuery 的对象 $ 和 jQuery。
- ★ 掌握 jQuery 的基本选择器。
- ★ 掌握 jQuery 的层级选择器。
- ★ 掌握 jQuery 的筛选选择器。
- ★ 掌握 jQuery 的表单选择器。

思政目标

- ★ 坚定文化自信，繁荣发展社会主义文化。
- ★ 帮助学生树立崇尚工匠、争当工匠的意识。
- ★ 厚植学生爱党、爱国、爱社会主义的情感。

素质目标

- ★ 提高学生的自学能力和核心素养。
- ★ 提高学生的心理素质和抗压能力。
- ★ 提高学生的管理水平和沟通能力。

项目思维导图

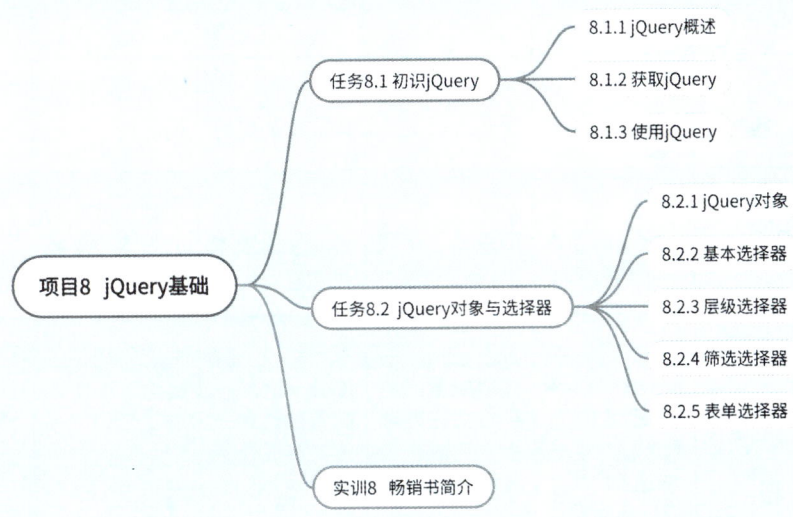

任务 8.1 实施情况表

任务名称	初识 jQuery			任务难度	★★★☆☆		
任务简介	了解 jQuery 的概念与优势，掌握获取和使用 jQuery 的方法						
专　　业			班　　级		组　　长		
组　　员			实施日期		年　　月　　日		
任务要求	自定义文件名创建一个网页，然后完成以下操作： 1. 引入本地下载的 jQuery 文件。 2. 通过 CDN（内容分发网络）引入 jQuery 文件。 3. 完成一个 jQuery 程序，输出"Hello jQuery"						

观测点		等级				自评	互评	教师评
		A	B	C	D			
课堂表现	学习态度	课前充分预习、课中积极主动、具有探索意识，表现优秀	能完成课前预习、课中认真听课、理解知识点，表现良好	简单预习、课中偶尔开小差、知识点掌握一般，表现一般	没有预习、课中基本不听课，表现较差			
	回答问题	对问题的理解到位，能准确回答问题，并能做到举一反三	对问题的理解到位，基本上能回答正确	对问题理解一般，需要提示才能回答	不理解问题意思，无法回答问题			
知识掌握	jQuery 概述	充分了解 jQuery 的优势	了解 jQuery 的优势	基本了解 jQuery 的优势	不了解 jQuery 的优势			
	获取 jQuery	充分掌握 jQuery 的版本与下载方式	掌握 jQuery 的版本与下载方式	基本掌握 jQuery 的版本与下载方式	未掌握 jQuery 的版本与下载方式			
	使用 jQuery	充分掌握 jQuery 的环境配置的两种方式，能够快速独立完成任务要求	掌握 jQuery 的环境配置的两种方式，能够独立完成任务要求	基本掌握 jQuery 的环境配置的两种方式，完成任务要求	未能完成任务要求			

任务 8.1　初识 jQuery

8.1.1　jQuery 概述

jQuery 是一个快速、简洁的 JavaScript 框架，是继 Prototype 之后又一个优秀的 JavaScript 代码库（框架），于 2006 年 1 月由约翰•瑞森（John Resig）发布。jQuery 设计的宗旨是"Write less, Do more"，即倡导"写更少的代码，做更多的事情"。它封装 JavaScript 常用的功能代码，提供一种简便的 JavaScript 设计模式，优化 HTML 文档操作、事件处理、动画设计和 Ajax 交互。

jQuery 的核心特性可以总结为：具有独特的链式语法和简短清晰的多功能接口；具有高效灵活的 CSS 选择器，并且可对 CSS 选择器进行扩展；拥有便捷的插件扩展机制和丰富的插件。jQuery 兼容各种主流浏览器，如 Chrome、IE、Safari、Opera、Firefox、Edge 等。

jQuery 具备的优势：

（1）轻量级的文件包。jQuery 是一个轻量级的脚本，其代码非常小巧，生产版本的文件包大小仅为 94.8KB。

（2）简洁的语法。语法简洁易懂，学习速度快。

（3）全面的文档。jQuery 的文档资料很全面，方便开发者使用。

（4）强大的选择器。支持 CSS1 ~ CSS3 定义的属性和选择器，与原生 JavaScript 相比，获取元素的方式更加灵活。

（5）出色的跨浏览器兼容性。jQuery 解决了 JavaScript 中跨浏览器兼容性的问题，支持的浏览器包括 IE6 ~ IE11 和 Firefox、Chrome 等。

（6）脚本与标签分离。jQuery 中实现 JavaScript 代码和 HTML 代码的分离，便于代码的管理和后期的维护。

（7）丰富的插件。jQuery 具有很多成熟的插件，如表单验证插件、UI 插件等，开发者可以通过插件扩展更多功能。

8.1.2　获取 jQuery

想要获取 jQuery，可以从 jQuery 的官方网站（https://jquery.com/）下载最新版本的 jQuery 文件，如图 8-1 所示。在图 8-1 右侧单击方形区域"Download jQuery"可以进入获取下载版本页面，同时下面的小字显示 jQuery1.x 和 2.x 系列版本已经停止更新了。

目前 jQuery 有三大版本：

（1）1.x。兼容 IE6 ~ IE8 的浏览器，使用最为广泛，目前官方只做漏洞维护，功能不再新增。因此一般使用 1.x 版本就可以了，最终版为 V1.12.4。

（2）2.x。不支持 IE6 ~ IE8 的浏览器，很少有人使用，官方只做漏洞维护，功能不再新增。如果不考虑兼容低版本浏览器，也可以使用 2.x，最终版本是 V2.2.4。

（3）3.x。不支持 IE6 ~ IE8 的浏览器，只支持最新的浏览器，如果没有对浏览器特殊的支持，一般不会选择最新版本，因为很多旧的 jQuery 插件不支持此版本。

图 8-1　jQuery 官网

本书建议大家使用 V1.12.4 版本进行编写，进入获取下载版本页面后，找到页面中间的 visit https://code.jquery.com，如图 8-2 所示。

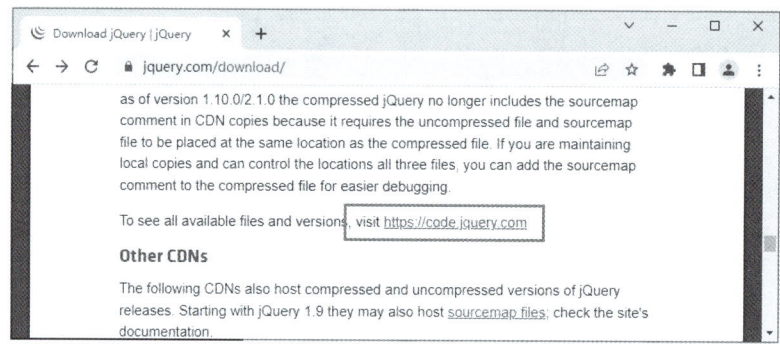

图 8-2　获取 jQuery 版本地址

单击 https://code.jquery.com 进入所有版本下载页面，在该页面中显示不同版本的 jQuery 库，如图 8-3 所示。jQuery 库主要包含未压缩（uncompressed）的开发版和压缩（minified）的生产版，压缩版指的是去掉代码中所有的换行、缩进和注释等以减少文件的体积，更有利于网络传输。

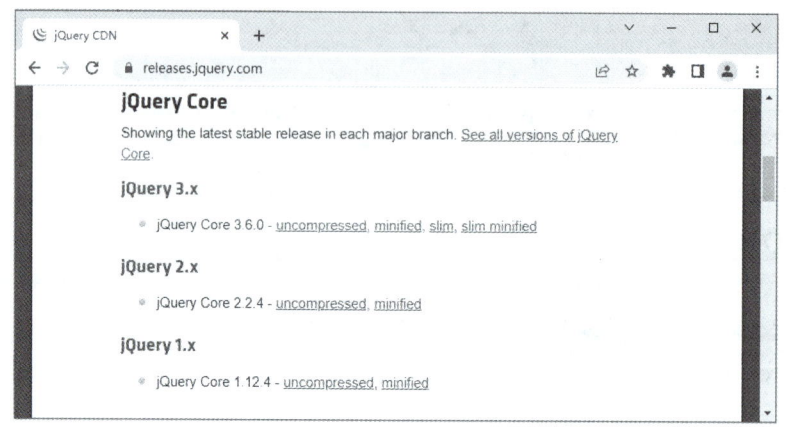

图 8-3　jQuery 版本下载页面

在 jQuery Core 1.12.4-minified 上单击，在弹出的级联菜单中选择"链接另存为…"选项，弹出文件保存对话框，将 jQuery-1.12.4.min.js 保存到指定的位置即可。

8.1.3 使用 jQuery

使用 jQuery 不需要安装，只需要在相关的 HTML 文档中引入该库文件的位置即可，引入的方式有两种：

1. 引入本地下载的 jQuery 文件

把刚刚下载的 jQuery-1.12.4.js 放到网站的一个公共位置，例如 js 文件夹，想要在页面上使用 jQuery 时，只需在编写的页面代码中 <head> 标签内引入，具体方法如下：

```
<script src="js/jquery-1.12.4.min.js" type="text/javascript"></script>
```

2. 通过 CDN（内容分发网络）引入 jQuery 文件

同样是在 <head> 标签内引入，只是将 src 的地址修改为网络地址，在使用网络地址时要注意加上 https://，具体方法如下：

```
<script src="https://code.jquery.com/jquery-1.12.4.min.js" type="text/javascript"></script>
```

两者的区别在于本地引入需要下载好独立的 jQuery 文件，而 CDN 方式引入不需要下载文件。但如果你的站点用户是国内的，建议使用百度、新浪等国内 CDN 地址；如果站点用户是国外的可以使用谷歌和微软。

【实例 8-1】建立一个 jQuery 程序。

（1）建立 jQuery 程序和建立 JavaScript 程序的方法是一样的。创建一个 HTML 文件，命名为 example8-1，并保存在"实例 8-1"文件夹中，同时将上文下载的 jQuery-1.12.4.js 存放在"实例 8-1\js"文件夹中。

（2）在 HTML 代码的 <head> 标签中引入 jQuery-1.12.4.js 文件，插入 <script> 标签，输入以下代码：

```
1   <!DOCTYPE html>
2   <html>
3   <head>
4     <meta charset="utf-8">
5     <title> 第一个 jQuery 程序 </title>
6     <script src="./js/jquery-1.12.4.min.js" type="text/javascript" charset="utf-8"></script>
7   </head>
8   <body>
9     <script type="text/javascript">
10      $(document).ready(function () {
11        alert("Hello jQuery！ ");
12      })
13    </script>
14  </body>
15  </html>
```

上述代码中，第 6 行代码用于引入 jQuery 文件。第 10～12 行为 jQuery 代码，jQuery 代码与 JavaScript 原生代码的插入格式是一样的，同样是在 <script> 标签中，但是区别在于使用了 jQuery 的特有语句，其具体格式如下：

```
$(document).ready(function () {
  //jQuery 语句或 JavaScript 语句
})
```

简写形式如下:

```
$(function () {
  //jQuery 语句或 JavaScript 语句
})
```

这部分代码是 jQuery 提供的页面加载事件,与 JavaScript 中的 window.onload 功能一样,对比详见表 8-1。该函数称为 jQuery 的入口函数,两种格式均可以使用,简写形式在开发中用得较多。

表 8-1 window.onload 与 $(document).ready() 的对比

对比项	window.onload	$(document).ready()
执行时机	必须等待网页中的所有内容加载完成后(包括外部元素,如图片)才能执行	网页中的所有 DOM 回执完成之后就执行(可能关联内容并未加载完成)
编写个数	在整个页面中只能使用一次	可以在页面中使用多次,依次执行
简写语法	无	$()

(3)保存后,在浏览器中打开 example8-1.html,运行效果如图 8-4 所示。

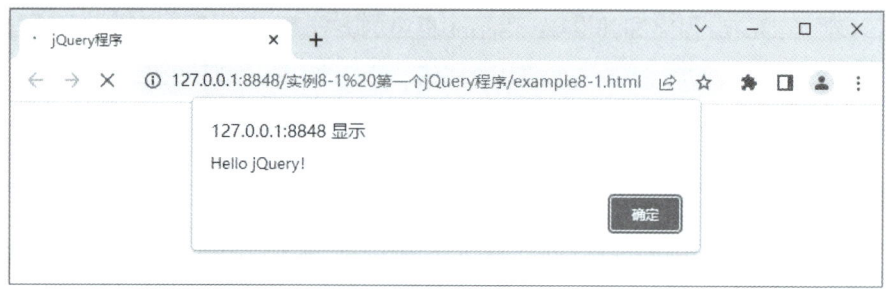

图 8-4 jQuery 程序

任务 8.2 实施情况表

任务名称		jQuery 对象与选择器		任务难度	★★★☆☆		
任务简介		掌握 jQuery 对象与四种选择器的使用					
专 业			班 级			组 长	
组 员			实施日期			年 月 日	
任务要求		完成基础选择器、层级选择器、筛选选择器、表单选择器的经典案例					

观测点		等级				自评	互评	教师评
		A	B	C	D			
课堂表现	学习态度	课前充分预习、课中积极主动、具有探索意识，表现优秀	能完成课前预习、课中认真听课、理解知识点，表现良好	简单预习、课中偶尔开小差、知识点掌握一般，表现一般	没有预习、课中基本不听课，表现较差			
	回答问题	对问题的理解到位，能准确回答问题，并能做到举一反三	对问题的理解到位，基本上能回答正确	对问题理解一般，需要提示才能回答	不理解问题意思，无法回答问题			
知识掌握	jQuery对象	充分掌握创建 jQuery 对象的具体用法	掌握创建 jQuery 对象的具体用法	基本掌握创建 jQuery 对象的具体用法	未能掌握具体用法			
	基本选择器	充分掌握基本选择器，可以快速完成基础选择器的经典案例	掌握基本选择器，完成基础选择器的经典案例	基本掌握基本选择器，在指导下完成基础选择器的经典案例	未能按要求完成基础选择器的经典案例			
	层级选择器	充分掌握层级选择器，可以快速完成层级选择器的经典案例	掌握层级选择器，完成层级选择器的经典案例	基本掌握层级选择器，在指导下完成层级选择器的经典案例	未能按要求完成层级选择器的经典案例			
	筛选选择器	充分掌握筛选选择器，可以快速完成筛选选择器的经典案例	掌握筛选选择器，完成筛选选择器的经典案例	基本掌握筛选选择器，在指导下完成筛选选择器的经典案例	未能按要求完成筛选选择器的经典案例			
	表单选择器	充分掌握表单选择器，可以快速完成表单选择器的经典案例	掌握表单选择器，完成表单选择器的经典案例	基本掌握表单选择器，在指导下完成表单选择器的经典案例	未能按要求完成表单选择器的经典案例			

任务 8.2　jQuery 对象与选择器

8.2.1　jQuery 对象

将 jQuery 引入后，在全局作用域下新增 $ 和 jQuery 两个全局变量，这两个变量引用的就是 jQuery 顶级对象，在代码中既可以直接使用 $ 也可以使用 jQuery 代替，具体格式如下：

```
// 使用 "$"
$(function(){
    $("div").hide()          // 隐藏 div 元素
});
// 使用 "jQuery"
jQuery(function(){
    jQuery("div").hide()     // 隐藏 div 元素
});
```

jQuery 顶级对象类似一个构造函数，用来创建 jQuery 对象，但它不需要使用 new 关键字进行实例化。jQuery 的功能有很多，但使用方式很简单，一种方式是为构造函数传入不同的参数，来完成不同的功能；另一种方式是调用 jQuery 的静态方法。所以 $ 符号是 jQuery 的标志，其使用的方式 $() 也称为 jQuery 的工厂函数，具体示例如下：

```
// 创建 jQuery 对象，语法为 "$( 参数 )"
console.log($("div"));              // 创建获取页面 div 元素的 jQuery 对象
// 调用静态方法，语法为 "$(). 方法名 ()"
console.log($().trim( "jQuery" ));  // 调用 trim() 方法消除字符串两段的空白字符
```

另外，在实际开发中经常会在 jQuery 对象和 DOM 对象之间进行转换，DOM 对象是用原生 JavaScript 的 DOM 操作获取的对象，jQuery 对象是通过 jQuery 方式获取的对象。这两种对象的使用方式不同，不能混用，例如：

```
//DOM 操作获取元素
var div1=document.getElementByTagName("div");
// 使用 jQuery 对象方法
div1.hide();                // 报错
var div=$("div");
div.style.display="none";   // 报错
```

jQuery 对象实际上是对 DOM 对象进行了封装，也就是将 DOM 对象保存在了 jQuery 对象汇总中，因此通过 jQuery 可以获取 DOM 对象，方法如下：

```
// 从 jQuery 对象中取出 DOM 对象
$("div")[0];              // 方法一
$("div").get(0)           // 方法二
// 取出 DOM 对象后就可以用 DOM 方式操作元素
$("div")[0].style.display="none";
```

上述代码中,由于一个 jQuery 对象中可以包含多个 DOM 对象,所以在取出 DOM 对象时需要加上索引(从 0 开始),与数组相同,索引 0 表示第一个 DOM 对象。DOM 对象也可以转换成 jQuery 对象,其方式是将 DOM 对象作为 $() 函数的参数传入,该函数就会返回 jQuery 对象,方法如下:

```
var div1=document.getElementByTagName("div");
var div2=$(div1);
div2.hide();
```

8.2.2 基本选择器

jQuery 选择器分为基本选择器、层级选择器、筛选选择器和其他选择器,基本选择器是 jQuery 中最常用的选择器,也是最简单的选择器,与 JavaScript 的 DOM 查找元素差不多,主要还是通过 id、class 和 tagName 来获取元素,与 CSS 中的选择器非常类似。基本选择器的用法见表 8-2。

表 8-2 基本选择器的用法

名称	用法	描述
id 选择器	$("#id")	获取指定 id 的元素,返回单个元素
类名选择器	$(".class")	获取同一类名的元素,返回集合元素
标签选择器	$("div")	获取同一标签名的元素,返回集合元素
并集选择器	$("div,#id,.class")	获取括号内每一种类型的元素,返回集合元素
全选选择器	$("*")	获取所有元素,返回集合元素

基本选择器在使用时还应注意:

(1)每个 id 在同一个 HTML 页面中只能使用一次。如果对多个元素分配了相同的 id,#id 选择器将只选择第一个匹配元素。

(2)与标签选择器和 #id 选择器相比,类名选择器的执行效率很低,应该尽可能少使用,或者把类名选择器和标签选择器配合在一起使用,选取的元素要同时符合 class 属性值和标签名,这样能够显著提高搜索性能。

为了让大家更好地理解选择器,采用了 jQuery 选择器中的经典案例作为公共页面进行讲解,案例中的 HTML 代码如下:

```
<!DOCTYPE HTML>
<html>
  <head>
    <meta http-equiv="Content-Type" content="text/html; charset=UTF-8">
    <title> 选择器 </title>
    <link rel="stylesheet" type="text/css" href="./css/css.css" />
    <script type="text/javascript" src="./js/jquery-1.12.4.min.js"></script>
  </head>
  <body>
    <div class="big" id="one">
```

id 为 one，class 为 big 的 div
　　<div class="small">class 为 small</div>
</div>
<div class="big" id="two" title="here">
　　id 为 two，class 为 big，title 为 here 的 div
　　<div class="small" title="this">class 为 small,title 为 this</div>
　　<div class="small" title="that">class 为 small,title 为 that</div>
</div>
<div class="big">
　　<div class="small">class 为 small</div>
　　<div class="small">class 为 small</div>
　　<div class="small">class 为 small</div>
　　<div class="small">parent
　　　　<div class="child">child</div>
　　</div>
</div>
<div class="big">
　　<div class="small">class 为 small</div>
　　<div class="small">class 为 small</div>
　　<div class="small">class 为 small</div>
　　<div class="small" title="there">class 为 small,title 为 there</div>
</div>
<div style="display:none;" class="none">style 的 display 为 "none" 的 div</div>
<div class="hide">class 为 "hide" 的 div</div>
<div>
　　包含 input 的 type 为 "hidden" 的 div<input type="hidden" size="8">
</div>
<span class="big" id="span">^^span 元素 ^^</span>
</body>
</html>
```

为页面元素设置初始化的大小、背景颜色等 CSS 样式，代码如下：

```css
div,span,p {
  width: 180px;
  height: 180px;
  margin: 8px;
  background: #d6d6d6;
  border: #000 1px solid;
  float: left;
  font-size: 18px;
  font-family: Verdana;
}
div.small {
  width: 60px;
  height: 60px;
```
```

```
      background-color: #d6d6d6;
      font-size: 11px;
    }
    div.hide {
      display: none;
    }
    input {
      height: 40px;
      font-size: 15px;
    }
    .child{
      width: 30px;
      height: 30px;
      background-color: #d6d6d6;
      font-size: 10px;
    }
```

【实例 8-2】基本选择器。

(1) 打开"实例 8-2"文件夹中的 example8-2.html 页面,在公共基础页面的 <body> 标签中加入按钮,其 HTML 代码如下:

```
1   <h1> 基本选择器 </h1>
2   <input type="button" value=" 选择 id 为 one 的元素 " id="btn1" />
3   <input type="button" value=" 选择 class 为 small 的所有元素 " id="btn2" />
4   <input type="button" value=" 选择元素名是 div 的所有元素 " id="btn3" />
5   <input type="button" value=" 选择所有的元素 " id="btn4" />
6   <input type="button" value=" 选择所有的 span 元素和 id 为 two 的元素 " id="btn5" />
7   <br>
```

(2) 添加 <script> 标签,并在标签中输入以下代码:

```
1   <script type="text/javascript">
2     $(function() {
3       // 选择 id 为 one 的元素
4       $("#btn1").click(function() {
5         $("#one").css("border", "3px solid red");
6       })
7       // 选择 class 为 small 的所有元素
8       $("#btn2").click(function() {
9         $(".small").css("border", "3px solid blue");
10      })
11      $("#btn3").click(function() {
12        // 选择 元素名是 div 的所有元素
13        $("div").css("border", "3px solid yellow");
14      })
15      // 选择所有元素
16      $("#btn4").click(function() {
17        $("*").css("border", "3px solid green");
```

```
18      })
19      // 选择所有的 span 元素和 id 为 two 的元素
20      $("#btn5").click(function() {
21        $("span,#two").css("border", "3px solid pink");
22      })
23    });
24 </script>
```

上述代码中，通过 $(参数).click 获取按钮并添加事件函数，在函数体中通过 $(参数) 用不同的基本选择器获取不同的元素并设置边框的样式。

（3）保存后，在浏览器中打开 example8-2.html，运行效果如图 8-5 所示。

图 8-5　基本选择器

8.2.3　层级选择器

层级选择器通过 DOM 元素之间的层级关系来获取特定元素，例如后代元素、子元素、相邻元素、兄弟元素等。层级选择器的用法见表 8-3。

表 8-3　层级选择器的用法

名称	用法	描述
后代元素选择器	$("ancestor descendant")	获取属于 ancestor 元素中的所有 descendant 元素，返回集合元素
子元素选择器	$("parent>child")	获取 parent 元素下的 child 元素，返回集合元素

续表

名称	用法	描述
相邻元素选择器	$("prev+next")	获取紧接在 prev 元素后的 next 元素，返回集合元素
兄弟元素选择器	$("prev~siblings")	获取 prev 元素之后的所有 siblings 元素，返回集合元素

层级选择器在使用时还应注意：

（1）$("prev+next") 和 $("prev~siblings") 这两种选择器是同级元素间的选择器。而 $("prev+next") 特指第一个，$("prev~siblings") 指所有。

（2）$("ancestor descendant") 和 $("parent>child") 这两种选择器是上下级关系，也可以称包含关系，后代包含在祖先里，子元素包含在父元素里。区别在于：$("parent>child") 匹配的是 parent 元素内的第一层所有元素，而 $("ancestor descendant") 匹配的是 ancestor 元素内的所有元素。

【实例 8-3】层级选择器。

（1）打开"实例 8-3"文件夹中的 example8-3.html 页面，在公共的基础页面的 <body> 标签中加入按钮，其 HTML 代码如下：

```
1  <h1> 层级选择器 </h1>
2  <input type="button" value=" 选择 class=big 内的所有 div 元素 " id="btn1" />
3  <input type="button" value=" 在 class=big 内 , 选择 div 子元素 " id="btn2" />
4  <input type="button" value=" 选择 id 为 one 的下一个 div 元素 " id="btn3" />
5  <input type="button" value=" 选择 id 为 two 的元素后面的所有 div 兄弟元素 " id="btn4" />
6  <br>
```

（2）在 <script> 标签中，输入以下代码：

```
1   <script type="text/javascript">
2   $(function() {
3     // 选择 class=big 内的所有 div 元素
4     $("#btn1").click(function(){
5       $(".big div").css("border", "3px solid red");
6     });
7     // 在 class=big 内 , 选择 div 子元素
8     $("#btn2").click(function(){
9       $(".big>div").css("border", "3px solid blue");
10    });
11    // 选择 id 为 one 的下一个 div 元素
12    $("#btn3").click(function(){
13      $("#one+div").css("border", "3px solid yellow");
14    });
15    // 选择 id 为 two 的元素后面的所有 div 兄弟元素
16    $("#btn4").click(function(){
17      $("#two~div").css("border", "3px solid green");
18    });
19  });
20  </script>
```

（3）保存后，在浏览器中打开 example8-3.html，运行效果如图 8-6 所示。

图 8-6 层级选择器

8.2.4 筛选选择器

筛选选择器主要是通过特定的规则来筛选出所需的 DOM 元素，筛选的规则与 CSS 的伪类选择器类似，选定了上一级选择器后加冒号进行规则筛选，按照不同的筛选规则，分为基本筛选选择器、内容筛选选择器、可见性筛选选择器和属性筛选选择器。

1. 基本筛选选择器

基本筛选选择器主要是通过索引等基础方式进行筛选，基本筛选选择器的用法见表 8-4。

表 8-4 基本筛选选择器的用法

名称	用法	描述
:first	$("div:first")	获取所有 div 元素中的第一个 div 元素，返回单个元素
:last	$("div:last")	获取所有 div 元素中的最后一个 div 元素，返回单个元素
:not(selector)	$("div:not(.mini)")	获取所有 div 元素中 class 不是 mini 的 div 元素，返回元素集合
:even	$("div:even")	获取所有 div 元素中索引是偶数的 div 元素，返回元素集合
:odd	$("div:odd")	获取所有 div 元素中索引是奇数的 div 元素，返回元素集合
:eq(index)	$("div:eq(1)")	获取所有 div 元素中索引等于 1 的 div 元素，返回单个元素
:gt(index)	$("div:gt(1)")	获取所有 div 元素中索引大于 1 的 div 元素，返回元素集合
:lt(index)	$("div:lt(2)")	获取所有 div 元素中索引小于 2 的 div 元素，返回元素集合
:header	$("div:header")	获取所有的标题元素，如 h1、h2 等，返回元素集合
:animated	$("div:animated")	获取当前正在执行动画的所有元素，返回元素集合

【实例 8-4】基本筛选选择器。

为了加入动画元素效果，将公共模板中的 <span> 元素删除，并在最后一个 <div> 元素前插入一个新的 div 元素，具体代码如下：

```
<div id="mover"> 正在执行动画的 div 元素 .</div>
```

（1）打开"实例 8-4"文件夹中的 example8-4.html 页面，在公共的基础页面的 <body> 标签中加入按钮，其 HTML 代码如下：

```
1  <h1> 基本筛选选择器 </h1>
2  <input type="button" value=" 选择第一个 div 元素 " id="btn1" />
3  <input type="button" value=" 选择最后一个 div 元素 " id="btn2" />
4  <input type="button" value=" 选择 class 不为 small 的所有 div 元素 " id="btn3" />
5  <input type="button" value=" 选择索引值为偶数的 div 元素 " id="btn4" />
6  <input type="button" value=" 选择索引值为奇数的 div 元素 " id="btn5" />
7  <input type="button" value=" 选择索引值为大于 1 的 div 元素 " id="btn6" />
8  <input type="button" value=" 选择索引值为等于 1 的 div 元素 " id="btn7" />
9  <input type="button" value=" 选择索引值为小于 2 的 div 元素 " id="btn8" />
10 <input type="button" value=" 选择所有的标题元素 " id="btn9" />
11 <input type="button" value=" 选择当前正在执行动画的所有元素 " id="btn10" />
12 <input type="button" value=" 选择没有执行动画的最后一个 div" id="btn11" />
13 <br>
```

（2）在 <script> 标签中，输入以下代码：

```
1  $(function(){
2    function animateIt(){
3      $("#mover").slideToggle("slow", animateIt);
4    }
5    animateIt();
6  });
7  $(function() {
8    // 选择第一个 div 元素
9    $("#btn1").click(function(){
10     $("div:first").css("border", "3px solid red");
11   });
12   // 选择最后一个 div 元素
13   $("#btn2").click(function(){
14     $("div:last").css("border", "3px solid blue");
15   });
16   // 选择 class 不为 small 的所有 div 元素
17   $("#btn3").click(function(){
18     $("div:not(.small)").css("border", "3px solid yellow");
19   });
20   // 选择索引值为偶数的 div 元素
21   $("#btn4").click(function(){
22     $("div:even").css("border", "3px solid green");
23   });
24   // 选择索引值为奇数的 div 元素
25   $("#btn5").click(function(){
26     $("div:odd").css("border", "3px solid orange");
27   });
28   // 选择索引值大于 3 的 div 元素
29   $("#btn6").click(function(){
```

```
30      $("div:gt(1)").css("border", "3px solid pink");
31    });
32    // 选择索引值等于 3 的 div 元素
33    $("#btn7").click(function(){
34      $("div:eq(1)").css("border", "3px solid green");
35    });
36    // 选择索引值小于 3 的 div 元素
37    $("#btn8").click(function(){
38      $("div:lt(2)").css("border", "3px solid purple");
39    });
40    // 选择所有的标题元素
41    $("#btn9").click(function(){
42      $(":header").css("border", "3px solid aquamarine");
43    });
44    // 选择当前正在执行动画的所有元素
45    $("#btn10").click(function(){
46      $(":animated").css("border", "3px solid chocolate");
47    });
48    // 选择没有执行动画的最后一个 div
49    $("#btn11").click(function(){
50      $("div:not(:animated):last").css("border", "3px solid tomato");
51    });
52  });
```

上述代码中，第 1～6 行代码加入了执行动画效果的代码，为 id=mover 的元素添加滑动效果（高度变化）动画。第 49～51 行代码使用了多次筛选的规则获取元素。

（3）保存后，在浏览器中打开 example8-4.html，运行效果如图 8-7 所示。

图 8-7　基本筛选选择器

2. 内容筛选选择器

内容筛选选择器的筛选规则主要体现在子元素或文本内容上，内容筛选选择器的用法见表 8-5。

表 8-5 内容筛选选择器的用法

名称	用法	描述
:contains(text)	$("div:contains(' 包含 ')")	获取 div 元素中含有文本内容为 text 的元素，返回集合元素
:empty	$("div:empty")	获取不包含子元素或者文本的空元素，返回集合元素
:has(selector)	$("div:has(div)")	获取含有选择器所匹配的元素，返回集合元素
:parent	$("div:parent")	获取含有子元素或者文本的元素，返回集合元素

3. 可见性筛选选择器

可见性筛选选择器是根据元素的课件和不可见状态选择相应的元素，可见性筛选选择器的用法见表 8-6。

表 8-6 可见性筛选选择器的用法

名称	用法	描述
:hidden	$("div:hidden")	获取 div 元素中所有不可见的元素，返回集合元素
:visible	$("div:visible")	获取 div 元素中所有可见的元素，返回集合元素

【实例 8-5】内容筛选选择器和可见性筛选选择器。

（1）打开"实例 8-5"文件夹中的 example8-5.html 页面，在公共的基础页面的 <body> 标签中加入按钮，其 HTML 代码如下：

```
1  <h1> 内容筛选选择器和可见性筛选选择器 </h1>
2  <input type="button" value=" 选择含有文本 ' 包含 ' 的 div 元素 " id="btn1" />
3  <input type="button" value=" 选择不包含子元素（或者文本元素）的 div 空元素 " id="btn2" />
4  <input type="button" value=" 选择含有 class 为 small 元素的 div 元素 " id="btn3" />
5  <input type="button" value=" 选择含有子元素（或者文本元素）的 div 元素 " id="btn4" />
6  <input type="button" value=" 选取所有可见的  div 元素 " id="btn5">
7  <input type="button" value=" 选择所有不可见的 div 元素 " id="btn6" />
```

（2）在 <script> 标签中，输入以下代码：

```
1  $(function() {
2    function animateIt() {
3      $("#mover").slideToggle("slow", animateIt);
4    }
5    animateIt();
6  });
7  $(function() {
8    // 选择含有文本"包含"的 div 元素
9    $("#btn1").click(function() {
```

```
10    $("div:contains(' 包含 ')").css("border", "3px solid red");
11    });
12    // 选择不包含子元素（或者文本元素）的 div 空元素
13    $("#btn2").click(function() {
14      $("div:empty").css("border", "3px solid blue");
15    });
16    // 选择含有 class 为 small 元素的 div 元素
17    $("#btn3").click(function() {
18      $("div:has('.small')").css("border", "3px solid yellow");
19    });
20    // 选择含有子元素（或者文本元素）的 div 元素
21    $("#btn4").click(function() {
22      $("div:parent").css("border", "3px solid green");
23    });
24    // 选取所有可见的 div 元素
25    $("#btn5").click(function() {
26      $("div:visible").css("border", "3px solid orange");
27    });
28    // 选择所有不可见的 div 元素
29    // 不可见：display 属性设置为 none，或 visible 设置为 hidden
30    $("#btn6").click(function() {
31      $("div:hidden").show("slow").css("border", "3px solid green");
32    });
33  });
```

（3）保存后，在浏览器中打开 example8-5.html，运行效果如图 8-8 所示。

图 8-8　内容筛选选择器和可见性筛选选择器

4. 属性筛选选择器

属性筛选选择器的筛选规则主要是通过元素的属性来获取相应的元素，属性筛选选择器的用法见表 8-7。

表 8-7 属性筛选选择器的用法

名称	用法	描述
[attribute]	$("div[id]")	获取 div 元素中具备 id 属性的元素，返回集合元素
[attribute=value]	$("div[title=this]")	获取 div 元素中 title 属性为 this 的元素，返回集合元素
[attribute!=value]	$("div[title!=this]")	获取 div 元素中 title 属性不是 this 的元素，返回集合元素
[attribute^=value]	$("div[title^=th]")	获取 div 元素中 title 属性以 th 开头的元素，返回集合元素
[attribute$=value]	$("div[title$=at]")	获取 div 元素中 title 属性以 at 结束的元素，返回集合元素
[attribute*=value]	$("div[title*=e]")	获取 div 元素中 title 属性包含 e 的元素，返回集合元素
[selector1][selector2]...[selectorN]	$("div[id][title^=th]")	获取 div 元素中具备 id 属性和 title 属性以 th 开头的元素，返回集合元素

属性筛选选择器在使用时还应注意：

（1）在使用 [attribute!=value] 进行筛选时，没有该属性的元素也会被获取。

（2）[selector1][selector2]...[selectorN] 为复合属性筛选选择器，可以同时设置多个条件，必须同时满足所设置的条件，可以理解为每选择一次，缩小一次范围。

【实例 8-6】属性筛选选择器。

（1）打开"实例 8-6"文件夹中的 example8-6.html 页面，在公共的基础页面的 <body> 标签中加入按钮，其 HTML 代码如下：

```
1  <h1> 属性筛选选择器 </h1>
2  <input type="button" value=" 选取含有属性 title 的 div 元素 " id="btn1" />
3  <input type="button" value=" 选取属性 title 值等于 'this' 的 div 元素 " id="btn2" />
4  <input type="button" value=" 选取属性 title 值不等于 'this' 的 div 元素（没有属性 title 的也将
       被选中)" id="btn3" />
5  <input type="button" value=" 选取属性 title 值 以 'th' 开始 的 div 元素 " id="btn4" />
6  <input type="button" value=" 选取属性 title 值 以 'at' 结束 的 div 元素 " id="btn5" />
7  <input type="button" value=" 选取属性 title 值 含有 'e' 的 div 元素 " id="btn6" />
8  <input type="button" value=" 组合属性选择器，首先选取有属性 id 的 div 元素，然后在结果中
       选取属性 title 值 含有 'e' 的 div 元素 ." id="btn7" />
```

（2）在 <script> 标签中，输入以下代码：

```
1  $(function() {
2    // 选取含有 属性 title 的 div 元素
3    $("#btn1").click(function() {
4      $("div[title]").css("border", "3px solid red");
5    });
```

```
6    // 选取属性 title 值等于 'this' 的 div 元素
7    $("#btn2").click(function() {
8      $("div[title='this']").css("border", "3px solid blue");
9    });
10   // 选取 属性 title 值不等于 'this' 的 div 元素（* 没有属性 title 的也将被选中）
11   $("#btn3").click(function() {
12     $("div[title!='this']").css("border", "3px solid yellow");
13   });
14   // 选取 属性 title 值 以 'th' 开始 的 div 元素
15   $("#btn4").click(function() {
16     $("div[title^='th']").css("border", "3px solid green");
17   });
18   // 选取 属性 title 值 以 'at' 结束 的 div 元素
19   $("#btn5").click(function() {
20     $("div[title$='at']").css("border", "3px solid orange");
21   });
22   // 选取 属性 title 值 含有 'e' 的 div 元素
23   $("#btn6").click(function() {
24     $("div[title*='e']").css("border", "3px solid green");
25   });
26   // 首先选取有属性 id 的 div 元素，然后在结果中选取属性 title 值 含有 'e' 的 div 元素
27   $("#btn7").click(function() {
28     $("div[id][title*=e]").css("border", "3px solid purple");
29   });
30  });
```

（3）保存后，在浏览器中打开 example8-6.html，运行效果如图 8-9 所示。

图 8-9　属性筛选选择器

8.2.5 表单选择器

表单是在 Web 开发中最常见的操作之一，主要是通过表单元素来获取相应的元素。表单选择器的用法见表 8-8。

表 8-8 表单选择器的用法

名称	用法	描述
:input	$(":input")	获取页面中所有的表单元素，包含 <select> 和 <textarea>，返回集合元素
:text	$(":text")	获取页面中所有的文本框，返回集合元素
:password	$(":password")	获取页面中所有的密码框，返回集合元素
:radio	$(":radio")	获取页面中所有的单选按钮，返回集合元素
:checkbox	$(":checkbox")	获取页面中所有的复选框，返回集合元素
:submit	$(":submit")	获取页面中的提交按钮，返回集合元素
:reset	$(":reset")	获取页面中的重置按钮，返回集合元素
:image	$(":image")	获取 type="image" 的图像元素，返回集合元素
:button	$(":button")	获取 button 按钮，包括 <button> 标签和 type="button" 的元素，返回集合元素
:file	$(":file")	获取 type="file" 的文件域，返回集合元素
:hidden	$(":hidden")	获取隐藏的表单项，返回集合元素
:enabled	$(":enabled")	获取所有可用表单元素，返回集合元素
:disabled	$(":disabled")	获取所有不可用表单元素，返回集合元素
:checked	$(":checked")	获取所有选中的表单元素，主要是 radio 和 checkbox，返回集合元素
:selected	$(":selected")	获取所有选中的表单元素，主要是 select，返回集合元素

需要注意的是，选择器 $("input") 和 $(":input") 虽然都可以获取表单项，但是他们表达的含义有一定区别，$("input") 仅能获取表单标签是 <input> 的空间，$(":input") 则可以获取页面中所有的表单控件，包含 <select> 和 <textarea>。

【实例 8-7】表单选择器。

（1）打开"实例 8-7"文件夹中的 example8-7.html 页面，在基础页面的 <body> 标签中加入表单和按钮，其 HTML 代码如下：

```
1  <h1> 表单筛选器 </h1>
2  button id="btn1">$(":input")</button>
3  <button id="btn2">$(":text")</button>
4  <button id="btn3">$(":password")</button>
5  <button id="btn4">$(":radio")</button>
6  <button id="btn5">$(":checkbox")</button><br>
7  <button id="btn6">$(":image")</button>
8  <button id="btn7">$(":button")</button>
```

```
9    <button id="btn8">$(":file")</button>
10   <button id="btn9">$(":submit")</button>
11   <button id="btn10">$(":reset")</button>
12   <button id="reset"> 还原 </button>
13   <h2> 表单 </h2>
14   <form id="box">
15     <label> 文本框 </label><input type="text" value="text 类型 " /><br>
16     <label> 密码框 </label><input type="password" value="password" /><br>
17     <div>
18       <label> 单选框 </label>
19       <input name="radio" type="radio">
20     </div><br>
21     <div>
22       <label> 复选框 </label>
23       <input name="Checkbox" type="checkbox">
24     </div><br>
25     <label> 图像域 </label><input type="image" src="./image/zan.jpg" /><br>
26     <label> 按钮 </label><input type="button" value="Button" /><br>
27     <label> 文件域 </label><input type="file" /><br>
28     <input type="submit" /><input type="reset" />
29   </form>
```

（2）在<script>标签中，输入以下代码：

```
1   $(function() {
2     reset.onclick = function() {
3       history.go();
4     }
5     btn1.onclick = function() {
6       $('#box :input').css("border", "3px solid red");
7     }
8     btn2.onclick = function() {
9       $(':text').css("background", "#A2CD5A");
10    }
11    btn3.onclick = function() {
12      $(':password').css("background", "yellow");
13    }
14    btn4.onclick = function() {
15      $(':radio').attr('checked', 'true');
16    }
17    btn5.onclick = function() {
18      $(':checkbox').attr('checked', 'true');
19    }
20    btn6.onclick = function() {
21      $(':image').css("border", "3px solid orange");
22    }
```

```
23   btn7.onclick = function() {
24       $('#box :button').css("background", "green");
25   }
26   btn8.onclick = function() {
27       $(':file').css("background", "#CD1076");
28   }
29   btn9.onclick = function() {
30       $('#box :submit').css("background", "#C6E2FF");
31   }
32   btn10.onclick = function() {
33       $(':reset').css("background", "pink");
34   }
35 });
```

（3）保存后，在浏览器中打开example8-7.html，运行效果如图8-10所示。

图8-10　表单选择器

小　　结

本章主要介绍了jQuery库、jQuery的引入和使用方法、jQuery对象，详细介绍了jQuery的各种选择器和选择器的使用方法，并且实现与页面元素的交互。

课后练习

一、选择题

1. 以下选项属于基本选择器的是（　　）。
   A．$("tr:even") 　　　　　　　　B．$("li:eq(3)")
   C．$("#p01")　　　　　　　　　 D．$("div:visible")

2. 网页中引入 jQuery 库文件的标签是（　　）。
   A．<h1>　　　B．<div>　　　C．<title>　　　D．<script>

3. 以下关于 jQuery 描述错误的是（　　）。
   A．跨浏览器，难兼容
   B．强大的选择器
   C．独特的链式语法
   D．jQuery 的宗旨是 "Write less, Do more"

4. 在 jQuery 中，以下关于页面加载事件写法错误的是（　　）。
   A．$()　　　　　　　　　　　　B．$(document).ready(function(){})
   C．jQuery(function(){})　　　　D．$().(function(){})

5. 以下不属于 jQuery 选择器的是（　　）。
   A．标签选择器　　　　　　　　B．后代选择器
   C．表单选择器　　　　　　　　D．网页选择器

6. 在 jQuery 中，选择使用 myClass 类的 css 所有元素的语句是（　　）。
   A．$(".myClass")　　　　　　　B．${*}
   C．$("#myClass")　　　　　　　D．${"body"}

7. 在网页中有如下 HTML 代码：

```
<div id="box">
  <ul>
    <li class="active"> 动态 </li>
    <li> 新闻 </li>
    <li> 关于我们 </li>
  </ul>
</div>
```

以下选项中仅能使"动态"字体为红色的 jQuery 代码是（　　）。
   A．$("li.active").css({"color","red"})　　　B．$("li:active").css({"color":"red"})
   C．$("li.active").css({"color":"red"})　　　D．$("li:first").css("red")

8. 在 jQuery 中想要找到所有元素的同辈元素，可以通过（　　）语句实现。
   A．eq(index)　　　　　　　　　B．find(expr)
   C．siblings([expr])　　　　　　 D．next()

9．在 jQuery 中想要给指定的元素添加样式，下面正确的选项是（　　）。

　　A．first
　　B．eq(1)
　　C．css(name)
　　D．css(name,value)

10．jQuery 中，以下对遍历同辈元素的说法正确的是（　　）。

　　A．next( ) 用于获取紧邻匹配元素之后的一个同辈元素
　　B．prev( ) 用于获取紧邻匹配元素之前的一个同辈元素
　　C．siblings( ) 用于获取位于匹配元素前后所有同辈元素
　　D．以上说法均正确

二、填空题

1．window.onload 的执行时机是 _____；$(document).ready() 的执行时机是 _____。

2．基本选择器分为 _____、_____、_____、_____ 和 _____。

3．选择器 :gt(index) 的功能是 _____。

4．jQuery 中的两个对象（全局变量）是 _____ 和 _____。

5．选择器 $("input") 与 $(":input") 的区别是 _____。

实训 8 实施情况表

任务名称	畅销书简介		任务难度	★★★☆☆
任务描述	为商城的畅销书简介设置不同的样式效果，本例主要是通过不同的选择器获取元素的设置样式，对于样式不做具体要求，可参考以下要求： （1）图书名称标题设置为蓝色。 （2）价格的字体大小为 24px、红色加粗显示。 （3）定价字体颜色为灰色（#ccc），带中划线。 （4）<dl> 标签中的字体颜色均为红色。 （5）单击"以下促销"链接，显示隐藏内容，此部分字体颜色为红色。 （6）促销的字体颜色为白色，背景颜色为红色，上内边距为 1px，左右内边距为 5px，外右边距为 5px			

专　　业		班　　级		组　　长	
组　　员		实施日期		年　　月　　日	

观测点	完成内容	自评	互评	教师评
实训任务所涉及的知识点				
实训任务操作思路				

实训 8　畅销书简介

为商城的畅销书简介设置不同的样式效果，本例主要是通过不同的选择器获取元素的设置样式，对于样式不做具体要求，可参考以下要求：

（1）图书名称标题设置为蓝色。
（2）价格的字体大小为 24px、红色加粗显示。
（3）定价字体颜色为灰色（#ccc），带中划线。
（4）<dl> 标签中的字体颜色均为红色。
（5）单击"以下促销"链接，显示隐藏内容，此部分字体颜色为红色。
（6）促销的字体颜色为白色，背景颜色为红色，上内边距为 1px，左右内边距为 5px，外右边距为 5px。

操作如下：

（1）打开"实训 8 畅销书简介"文件夹中的 index.html 页面，HTML 页面的代码如下：

```
1   <!DOCTYPE html>
2   <html>
3   <head lang="en">
4       <meta charset="UTF-8">
5       <title> 畅销书简介 </title>
6       <link rel="stylesheet" href="css/Style.css">
7   </head>
8   <body>
9   <section id="book">
10      <div class="imgLeft"><img src="images/xiyudaxuesheng.jpg" alt=" 小王子 "></div>
11      <div class="textRight">
12        <h1> 大国工匠 </h1>
13        <p class="intro"> 致敬大国工匠，讴歌"工匠精神"！ </p>
14        <p class="author"> 作者：梁小明，笔锋 </p>
15        <div class="price">
16          <div class="sPrice"> 商城价： <span>¥37.40</span> [5.5 折 ] <p>[ 定价： <span>¥68.00</span>]</p> ( 降价通知 )</div>
17          <p class="mobilePrice"> 促销信息： <span> 无 </span></p>
18          <dl>
19            <dt> 以下促销可在购物车任选其一 </dt>
20            <dd><span> 加价购 </span> 满 99.00 元另加 6.18 元即可在购物车换购热销商品 </dd>
21            <dd><span> 满减 </span> 满 100.00 减 20.00，满 200.00 减 60.00，满 300.00 减 100.00</dd>
22          </dl>
23          <p class="ticket"> 领 券： <span>88-6</span> <span>200-16</span></p>
24        </div>
25      </div>
```

```
26      </section>
27      <section id="book">
28        <div class="imgLeft"><img src="images/dangshi.jpg" alt=" 小王子 "></div>
29        <div class="textRight">
30          <h1> 百年党史关键词 1921-2021</h1>
31          <p class="intro"> 党史学习教育参考用书 </p>
32          <p class="author"> 作者：刘志新 </p>
33          <div class="price">
34            <div class="sPrice"> 商城价：  <span>¥31.90</span> [5.5 折 ] <p>[ 定价：<span>
                  ¥58.00</span>]</p> ( 降价通知 )</div>
35            <p class="mobilePrice"> 促销信息：<span> 电子书专享价 </span> <span>¥19.00
                  </span></p>
36            <dl>
37              <dt> 以下促销可在购物车任选其一 </dt>
38              <dd><span> 加价购 </span> 满 99.00 元另加 6.18 元即可在购物车换购热销商品 </dd>
39              <dd><span> 满减 </span> 满 100.00 减 20.00，满 200.00 减 60.00，满 300.00 减
                  100.00</dd>
40            </dl>
41            <p class="ticket"> 领 券：<span>105-6</span> <span>200-16</span></p>
42          </div>
43        </div>
44      </section>
45      <script src="js/jquery-1.12.4.min.js"></script>
46      <script src="js/hotbook.js"></script>
47    </body>
48  </html>
```

（2）引入 jQuery 文件和 js/hotbook.js 文件，并在 hotbook.js 中，输入以下代码：

```
1  $(function(){
2    $("dt").click(function(){                           // 获取 <dt> 标签并为其添加 click 事件函数
3      $("dd").css("display","block");                   // 获取 <dd> 标签设置显示
4    });
5
6    $("h1").css("color","blue");                        // 获取并设置 <h1> 字体颜色为蓝色
7    $(".price").css({"background":"#efefef","padding":"5px"});
8    $(".author").css("color","#083499");
9    /* 获取并设置 <dt>、<dd>、class 为 intro 的元素字体颜色 */
10   $(".intro,dt,dd").css("color","#EC0465");
11   $("*").css("font-weight","bold");                   // 设置所有元素的字体加粗显示
12   $(".sPrice>span").css({"font-size":"24px","font-weight":"bold","color":"red"});
13   $(".sPrice p").css({"color":"#cccccc"});            // 设置字体颜色为灰色
14   $(".sPrice p span").css({"text-decoration":"line-through"});
15   $("dl").css("color","#ff0000");                     // 设置 dl 的字体颜色为红色
16   $("dl span,.ticket span").css({"background":"#ff0000","color":"#ffffff","padding":
         "1px 5px","margin-right":"5px"});
17   $("h1~p").css("text-decoration","underline");       // 同辈元素选择器
18  })
```

（3）保存后，在浏览器中打开 index.html，运行效果如图 8-11 所示。

图 8-11　畅销书简介

项目 9
jQuery 的 DOM 操作

能力目标
★ 掌握元素样式操作的方法。
★ 掌握元素样式操作的类样式方法。
★ 掌握元素属性操作的方法。
★ 掌握元素内容操作的方法。
★ 掌握节点元素操作的方法，学会查找节点、创建节点、插入节点和删除节点。

思政目标
★ 引导学生情系家乡建设，助力家乡发展。
★ 强化学生多谋民生之利、多解民生之忧的责任担当。
★ 增强学生奋力实现中国梦的责任意识。

素质目标
★ 激发学生专业学习兴趣，养成良好的学习习惯。
★ 帮助学生增强专业自信，提升职业素养。
★ 强化学生理论学习和社会实践相结合的意识。

项目思维导图

任务 9.1 实施情况表

任务名称	元素样式的操作			任务难度	★★★☆☆		
任务简介	掌握元素样式的操作方法						
专　　业				班　级		组　长	
组　　员				实施日期		年　　月　　日	
任务要求	通过操作元素的类名修改元素样式，实现 Tab 栏目切换						

观测点		等级				自评	互评	教师评
		A	B	C	D			
课堂表现	学习态度	课前充分预习、课中积极主动、具有探索意识，表现优秀	能完成课前预习、课中认真听课、理解知识点，表现良好	简单预习、课中偶尔开小差、知识点掌握一般，表现一般	没有预习、课中基本不听课，表现较差			
	回答问题	对问题的理解到位，能准确回答问题，并能做到举一反三	对问题的理解到位，基本上能回答正确	对问题理解一般，需要提示才能回答	不理解问题意思，无法回答问题			
知识掌握	css() 方法	充分掌握利用 css() 方法获取和设置样式的具体用法	掌握利用 css() 方法获取和设置样式的具体用法	基本掌握利用 css() 方法获取和设置样式的具体用法	未掌握利用 css() 方法获取和设置样式的具体用法			
	类样式方法	熟练通过操作元素的类名完成 Tab 栏目切换效果	能够通过操作元素的类名完成 Tab 栏目切换效果	基本能够通过操作元素的类名在指导下完成 Tab 栏目切换效果	未能完成 Tab 栏目切换效果			

任务 9.1　元素样式的操作

在上一项目进行选择器操作时，已经使用过 jQuery 对元素进行样式操作。在 jQuery 中提供了两种操作样式的方法：css() 方法和类样式方法。css() 方法是直接操作元素样式，类样式方法是通过给元素添加或删除类名来操作元素的样式。

9.1.1　css() 方法

css() 方法使用起来非常灵活，既可以获取样式也可以设置样式。

1. 获取样式

css() 方法接收参数时只需写样式名，就可返回样式值，格式如下：

```
$(" 选择器 ").css(" 样式名 ");
$("p").css("color");            // 获取 <p> 元素的字体颜色
```

2. 设置单个样式

css() 方法接收的参数包括属性名和属性值，以逗号间隔，可以设置一组样式，属性必须加引号，值如果是数字可以不需要单位和引号，格式如下：

```
$(" 选择器 ").css(" 样式名 "," 值 ");
$("p").css("color", "red");     // 设置 <p> 元素的字体颜色为红色
```

3. 设置多个样式

css() 方法的参数可以是对象形式，方便设置多组样式。样式名和样式值用冒号隔开，样式名可以不加引号，但是要用小驼峰法书写，格式如下：

```
$(" 选择器 ").css({
  样式名 1: 值 1,
  样式名 2: 值 2,
  ...
  样式名 N: 值 N
});
$("p").css({
  color:white,                  // 设置 <p> 元素的字体颜色为白色
  backgroundColor:red,          // 设置 <p> 元素的背景颜色为红色
  fontSize:15px
});
```

9.1.2　类样式方法

类样式方法就是通过操作元素的类名进行元素样式操作。

1. addClass() 添加类样式

addClass() 方法向被选中的元素添加一个或多个类名，格式如下：

```
$(" 选择器 ").addClass(" 类样式名 ");
$("p").addClass("current");     // 设置 <p> 元素的类样式为 current
```

如果要添加多个类，每个类名之间用空格间隔，例如：

```
$(" 选择器 ").addClass(" 类样式名 1 类样式名 2 ... 类样式名 N");
$("p").addClass("current current1 ...");    // 设置 <p> 元素的类样式为 current 和 current1
```

2. removeClass() 移除类样式

removeClass() 方法从被选中的元素中移除一个或多个类名，格式如下：

```
$(" 选择器 ").removeClass(" 类样式名 ");
$("p").removeClass("current");    // 移除 <p> 元素的 current 类样式
```

如果省略该参数，则表示移除所有的类样式，例如：

```
$("p").removeClass();    // 移除 <p> 元素中的所有类样式
```

3. toggleClass() 切换类样式

toggleClass() 方法用来为元素添加或移除某个类样式，如果类样式不存在，就添加该类样式，如果类样式存在，就移除该类样式。格式如下：

```
$(" 选择器 ").toggleClass(" 类样式名 ",switch);
$("p").toggleClass("current");    // 添加或移除 <p> 元素的 current 类样式
```

如果要添加或删除多个类，每个类名之间用空格间隔，通过使用 switch 参数，能够规定只删除或只添加类，true 表示添加，false 表示移除。

【实例 9-1】Tab 栏目切换。

本案例是根据项目 6 中的实例 6-5 进行修改的，通过 jQuery 实现当单击标签栏 li 时添加 current 类，其余兄弟元素移除 current 类，并且同时得到当前的 li 索引值，让内容区域中相应索引值的 item 显示，其他的 item 隐藏。

（1）打开"实例 9-1"文件夹中的"index.html"页面，在页面中引入 jQuery 库。

（2）添加 <script> 标签，并在标签中输入以下代码：

```
1  $(function () {
2    $(".tab_list li").click(function () {
3      $(this).addClass("current").siblings().removeClass("current");
4      var index=$(this).index();
5      $(".tab_con .item").eq(index).show().siblings().hide();
6    });
7  });
```

上述代码中，第 2 行代码为标签栏中的每一个标签绑定单击事件。第 3 行代码通过 addClass() 方法添加 current 类样式，并且让所有的兄弟元素移除 current 类样式。第 4 行代码通过 index() 获取到当前 li 元素索引值。第 7 行代码让页面展示区域展示对应标签下的内容，其中 eq(index) 表示获取对应列表，然后调用 show() 方法显示，并且让其兄弟元素都隐藏。

在上述代码中还使用了链式编程，链式编程的特点就是代码量少。其原理是在调用上一个方法后，如果返回的结果是一个对象，就可以接着调用该对象的方法。例如下面的语句就是采用了链式编程，$(this) 获取到了 li 元素，添加了 current 类样式之后还是获取 li 元素，接着通过 siblings() 获取到其他同级的 li 元素，移除 current 类样式，保证只有当前的 li 元素应用 current 类样式。

```
$(this).addClass("current").siblings().removeClass("current");
```

（3）保存后，在浏览器中打开 index.html，运行效果如图 9-1 所示。

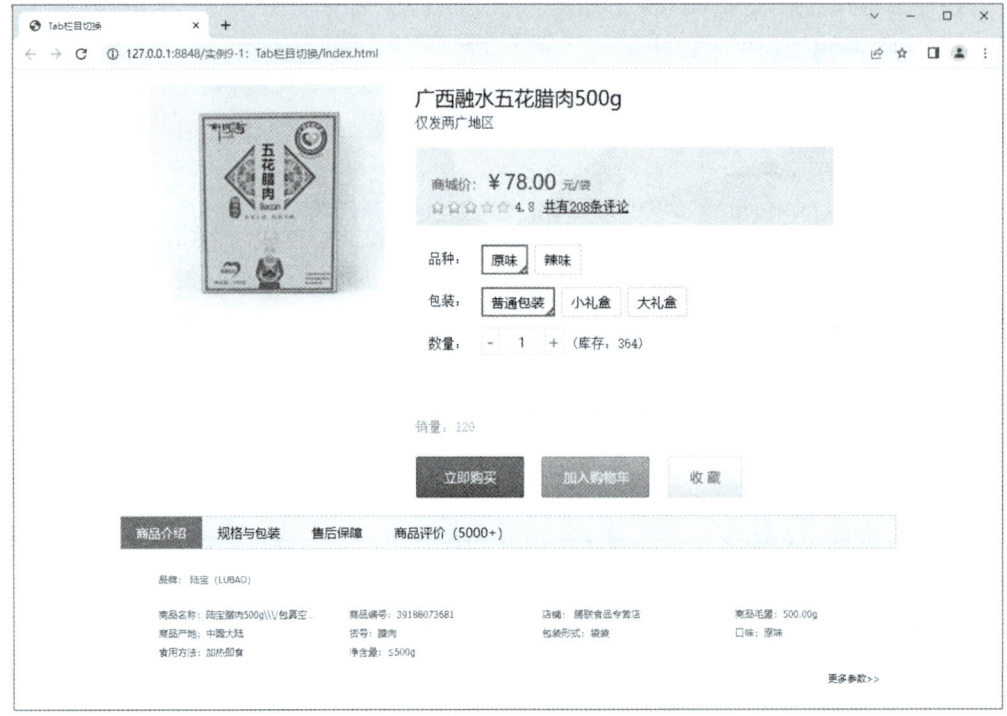

图 9-1　Tab 栏目切换

实例 6-5 中使用的原生 JavaScript 的 className 进行类样式的设置，会替换元素原本的类样式，而 jQuery 的类样式操作是针对指定的类样式进行添加或者移除操作，不会影响原本的类样式。

任务 9.2 实施情况表

任务名称	元素属性的操作		任务难度	★★★☆☆	
任务简介	掌握 prop() 与 attr() 方法对元素属性操作的具体用法，理解两个方法的区别				
专　　业		班　　级		组　　长	
组　　员		实施日期		年　　月　　日	
任务要求	通过元素属性操作实现购物车的全选功能				

观测点		等级				自评	互评	教师评
		A	B	C	D			
课堂表现	学习态度	课前充分预习、课中积极主动、具有探索意识，表现优秀	能完成课前预习、课中认真听课、理解知识点，表现良好	简单预习、课中偶尔开小差、知识点掌握一般，表现一般	没有预习、课中基本不听课，表现较差			
	回答问题	对问题的理解到位，能准确回答问题，并能做到举一反三	对问题的理解到位，基本上能回答正确	对问题理解一般，需要提示才能回答	不理解问题意思，无法回答问题			
知识掌握	prop() 方法	充分掌握 prop() 方法设置和返回被选元素的属性和值的具体用法，完成购物车的全选效果	掌握 prop() 方法设置和返回被选元素的属性和值的具体用法，完成购物车的全选效果	基本掌握 prop() 方法设置和返回被选元素的属性和值的具体用法，完成购物车的全选效果	未能完成购物车的全选效果			
	attr() 方法	充分掌握 attr() 方法设置和返回被选元素的属性和值的具体用法	掌握 attr() 方法设置和返回被选元素的属性和值的具体用法	基本掌握 attr() 方法设置和返回被选元素的属性和值的具体用法	未掌握 attr() 方法设置和获取属性的具体用法			

任务 9.2　元素属性的操作

9.2.1　prop() 方法

prop() 方法用于设置或返回被选元素的属性和值。当该方法用于返回属性值时，则返回第一个匹配元素的值。当该方法用于设置属性值时，则为匹配元素集合设置一个或多个属性 - 值对。

1. 获取属性的值

$(" 选择器 ").prop(" 属性名 ");
$("input").prop("checked");　　　　　// 获取 <input> 元素的 checked 属性

2. 设置属性和值

$(" 选择器 ").prop(" 属性名 "," 属性值 ");
$("input").prop("checked",false);　　// 设置 <input> 元素的 checked 属性为 false

3. 设置多个属性和值

$(" 选择器 ").prop({
　属性名 1: 属性值 1,
　属性名 2: 属性值 2,
　...
　属性名 N: 属性值 N
});
$("input").prop({
　checked:false,　　　// 设置 <input> 元素的 checked 属性为 false
　name=cb,　　　　　 // 设置 <input> 元素的 name 属性为 cb
});

9.2.2　attr() 方法

attr() 方法与 prop() 方法一样是用来设置或获取元素的属性，一般 attr() 方法用于设置自定义属性。

1. 获取属性的值

$(" 选择器 ").attr(" 属性名 ");
$("input").attr("index");　　　　　// 获取 <input> 元素的 index 属性

2. 设置属性和值

$(" 选择器 ").attr(" 属性名 "," 属性值 ");
$("input").attr("index",1);　　　　// 设置 <input> 元素的 index 属性为 1

3. 设置多个属性和值

$(" 选择器 ").attr({
　属性名 1: 属性值 1,
　属性名 2: 属性值 2,
　...
　属性名 N: 属性值 N
});

```
$("input").attr({
  index:1,      // 设置 <input> 元素的 index 属性为 1
  data-index=2, // 设置 <input> 元素的 data-index 属性为 2
});
```

prop() 方法与 attr() 方法的区别：

（1）用 prop() 来设置属性名，html 结构是不会发生变化的。而用 attr() 来设置属性名，html 结构是会发生变化的。

（2）一般如果是标签自身自带的属性，我们用 prop() 方法来获取；如果是自定义的属性，我们用 attr() 方法来获取，如 data-index 属性就属于自定义属性。

（3）获取 checked、selected 和 disabled 的值时存在差异。例如，checked 如果默认是没选中，那么用 attr() 获取到的是 undefined，用 prop() 获取到的就是 false；如果是选中的状态，那么 attr() 获取到的是 checked，而 prop() 获取到的是 true。在用 if 语句判断属性的状态时，prop() 就更加方便，attr() 相对麻烦。

为了让大家更好地理解本项目内容，采用了经典购物车案例作为公共页面进行讲解，案例中的 HTML 代码如下：

```
<!DOCTYPE html>
<html>
 <head>
  <meta charset="UTF-8">
  <title> 桂心商城购物车 </title>
  <link rel="stylesheet" href="css/base.css">
  <link rel="stylesheet" href="css/common.css">
  <link rel="stylesheet" href="css/car.css">
  <script src="./js/jquery-1.12.4.min.js"></script>
 </head>
 <body>
  <!-- 顶部快捷导航 start -->
  <div class="shortcut">
   <div class="w">
    <div class="fl">
     <ul>
      <li> 桂心商城欢迎您！ </li>
      <li><a href="#"> 请登录 </a> <a href="#" class="style-red"> 免费注册 </a></li>
     </ul>
    </div>
    <div class="fr">
     <ul>
      <li><a href="#"> 我的订单 </a></li>
      <li class="spacer"></li>
      <li><a href="#"> 我的 </a><i class="icomoon"> 嗳 </i></li>
      <li class="spacer"></li>
      <li><a href="#"> 桂心会员 </a></li>
      <li class="spacer"></li>
      <li><a href="#"> 企业采购 </a></li>
      <li class="spacer"></li>
```

```html
        <li><a href="#"> 关注桂心 </a><i class="icomoon"> 嗳 </i></li>
        <li class="spacer"></li>
        <li><a href="#"> 客户服务 </a><i class="icomoon"> 嗳 </i></li>
        <li class="spacer"></li>
        <li><a href="#"> 网站导航 </a><i class="icomoon"> 嗳 </i></li>
      </ul>
    </div>
  </div>
</div>
<!-- 顶部快捷导航 end -->
<div class="car-header">
  <div class="w">
    <div class="car-logo">
      <img src="img/logo.png" alt=""> <b> 购物车 </b>
    </div>
  </div>
</div>
</div>
<div class="c-container">
  <div class="w">
    <div class="cart-filter-bar"><em> 全部商品 </em></div>
    <!-- 购物车主要核心区域 -->
    <div class="cart-warp">
      <!-- 头部模块 -->
      <div class="cart-thead">
        <div class="t-checkbox">
          <input type="checkbox" name="" id="" class="checkall"> 全选
        </div>
        <div class="t-goods"> 商品 </div>
        <div class="t-price"> 单价 </div>
        <div class="t-num"> 数量 </div>
        <div class="t-sum"> 金额 </div>
        <div class="t-action"> 操作 </div>
      </div>
      <!-- 商品列表模块 -->
      <div class="cart-item-list">
        <div class="cart-item">
          <div class="p-checkbox">
            <input type="checkbox" checked class="j-checkbox">
          </div>
          <div class="p-goods">
            <div class="p-img"><img src="./upload/luosifen.png" alt=""></div>
            <div class="p-msg">【好 X 螺加臭加辣螺蛳粉】广西特色袋装米粉 </div>
          </div>
          <div class="p-price">¥14.90</div>
          <div class="p-num">
            <div class="quantity-form">
              <a href="javascript:;" class="decrement">-</a>
```

```html
        <input type="text" class="itxt" value="1">
        <a href="javascript:;" class="increment">+</a>
      </div>
    </div>
    <div class="p-sum">¥14.90</div>
    <div class="p-action"><a href="javascript:;"> 删除 </a></div>
  </div>
  <div class="cart-item">
    <div class="p-checkbox">
      <input type="checkbox" class="j-checkbox">
    </div>
    <div class="p-goods">
      <div class="p-img"><img src="./upload/litch.png" alt=""></div>
      <div class="p-msg">【广西灵山荔枝】三月红新鲜当季水果生鲜 </div>
    </div>
    <div class="p-price">¥169.80</div>
    <div class="p-num">
      <div class="quantity-form">
        <a href="javascript:;" class="decrement">-</a>
        <input type="text" class="itxt" value="1">
        <a href="javascript:;" class="increment">+</a>
      </div>
    </div>
    <div class="p-sum">¥169.80</div>
    <div class="p-action"><a href="javascript:;"> 删除 </a></div>
  </div>
  <div class="cart-item">
    <div class="p-checkbox">
      <input type="checkbox" class="j-checkbox">
    </div>
    <div class="p-goods">
      <div class="p-img">
        <img src="./upload/mango.png" alt="">
      </div>
      <div class="p-msg">【桂七芒果】广西百色新鲜当季大芒果礼盒装 </div>
    </div>
    <div class="p-price">¥168.80</div>
    <div class="p-num">
      <div class="quantity-form">
        <a href="javascript:;" class="decrement">-</a>
        <input type="text" class="itxt" value="1">
        <a href="javascript:;" class="increment">+</a>
      </div>
    </div>
    <div class="p-sum">¥168.80</div>
    <div class="p-action"><a href="javascript:;"> 删除 </a></div>
  </div>
</div>
```

```html
        <!-- 结算模块 -->
        <div class="cart-floatbar">
         <div class="operation">
           <a href="javascript:;" class="remove-batch"> 删除选中的商品 </a>
           <a href="javascript:;" class="clear-all"> 清理购物车 </a>
         </div>
         <div class="toolbar-right">
           <div class="amount-sum"> 已经选 <em>1</em> 件商品 </div>
           <div class="price-sum"> 总价： <em>¥14.90</em></div>
           <div class="btn-area"> 去结算 </div>
         </div>
        </div>
      </div>
    </div>
    <!-- footer start -->
    <div id=""><img src="./img/footer.jpg"></div>
    <!-- footer end -->
   </body>
  </html>
```

【实例 9-2】制作购物车的全选功能。

（1）在"实例 9-2：购物车全选功能 \js"文件夹中建立 trolley1.js 文件，打开"实例 9-2"文件夹中的 shoppingCar.html 页面，在页面的 <header> 标签中插入外部 js 文件，代码如下：

```
<script src="js/trolley1.js"></script>
```

（2）在页面中的复选框共有 4 个，分别是"全选"复选框和每个商品的复选框，当单击"全选"复选框时，所有商品的复选框都被选中。由于 checked 时复选框的固有属性，所以可以利用 prop() 方法获取和设置该属性。在 trolley1.js 文件中输入以下代码：

```
1  $(function () {
2    $(".checkall").change(function () {
3      $(".j-checkbox, .checkall").prop("checked", $(this).prop("checked"));
4    });
5    $(".j-checkbox").change(function () {
6      if ($(".j-checkbox:checked").length === $(".j-checkbox").length) {
7        $(".checkall").prop("checked", true);
8      } else {
9        $(".checkall").prop("checked", false);
10     }
11   });
12 })
```

上述代码中，第 2 行代码通过 $(".checkall") 获取"全选"复选框，并添加 change 事件。第 3 行代码在事件函数中通过 $(".j-checkbox, .checkall") 获取每个复选框和"全选"复选框，并通过 prop() 方法接收 checked 作为第一个参数，第二个参数通过 $(this).prop("checked") 获取"全选"复选框的选中状态。

第 5 ～ 11 行代码是判断所有商品的复选框是否被选中，如果是则"全选"复选框也被选中，反之不选中。第 6 行代码使用 $(".j-checkbox:checked") 查找被选中的元素，然后判断选中数量是否达到所有商品的复选框个数。

（3）保存后，在浏览器中打开 shoppingCar.html，运行效果如图 9-2 所示。

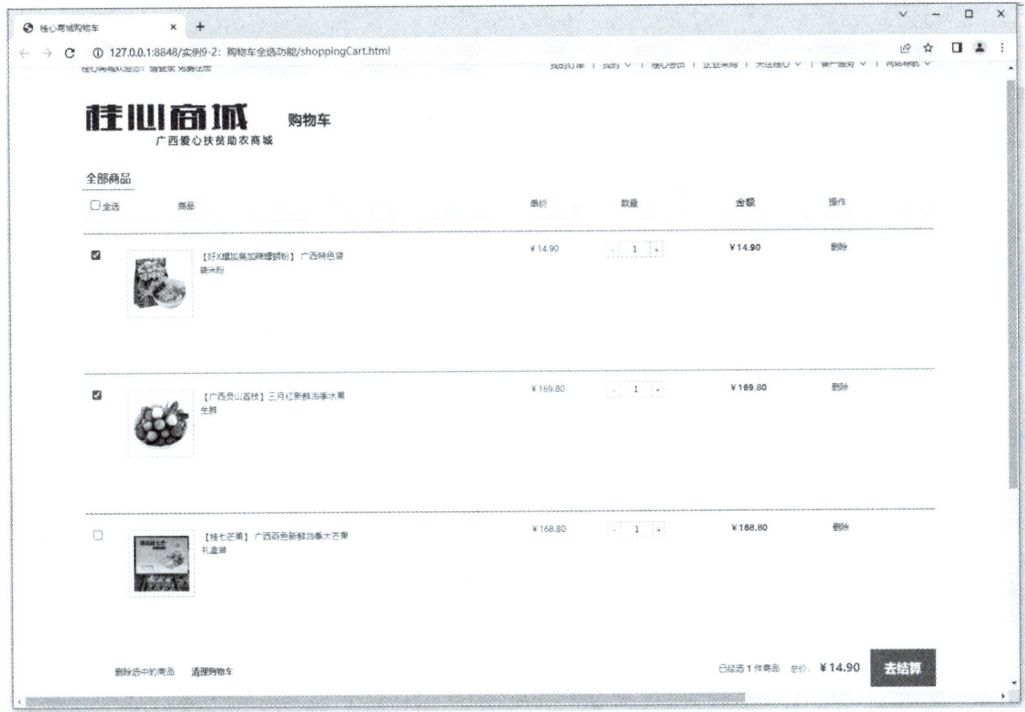

图 9-2　购物车的全选功能

任务 9.3 实施情况表

任务名称	元素内容的操作			任务难度	★★★☆☆		
任务简介	掌握 html()、text() 和 val() 三种方法操作元素内容						
专　　业			班　　级		组　　长		
组　　员			实施日期		年　　月　　日		
任务要求	通过元素内容操作实现调整购物车的商品数量、计算金额的功能						

观测点		等级				自评	互评	教师评
		A	B	C	D			
课堂表现	学习态度	课前充分预习、课中积极主动、具有探索意识，表现优秀	能完成课前预习、课中认真听课、理解知识点，表现良好	简单预习、课中偶尔开小差、知识点掌握一般，表现一般	没有预习、课中基本不听课，表现较差			
	回答问题	对问题的理解到位，能准确回答问题，并能做到举一反三	对问题的理解到位，基本上能回答正确	对问题理解一般，需要提示才能回答	不理解问题意思，无法回答问题			
知识掌握	元素内容的操作	充分掌握 html()、text()、val() 方法操作元素内容的具体用法，实现调整购物车的商品数量、计算金额的功能	掌握 html()、text()、val() 方法操作元素内容的具体用法，实现调整购物车的商品数量、计算金额的功能	基本掌握 html()、text()、val() 方法操作元素内容的具体用法，在指导下实现调整购物车的商品数量、计算金额的功能	未能按要求实现调整购物车的商品数量、计算金额的功能			

任务 9.3　元素内容的操作

jQuery 中操作元素内容的方法主要有 html() 方法、text() 方法和 val() 方法三种。其中 html() 方法用于获取或设置元素的 HTML 内容；text() 方法用于获取或设置元素的文本内容；val() 方法用来获取或设置表单元素的 value 值。

1. html() 方法

获取标签里的结构和内容，格式如下：

```
$(" 选择器 ").html()            // 获取标签里所有的结构和内容
$("ul").html()                  // 获取 <ul> 标签里所有的结构和内容
```

设置标签里的文本内容，格式如下：

```
$(" 选择器 ").html(" 内容 ")                // 内容可以是字符串，也可以在字符串中包含 html 结构
$(".a").html(" 你好，世界 ")                // 设置 <a></a> 标签里的文本内容是 " 你好，世界 "
$("li").html("<span> 你好，世界 <span>")    // 设置标签是 <li> 为 <span> 标签并添加相应内容
```

2. text() 方法

获取标签里文本内容，格式如下：

```
$(" 选择器 ").text()        // 获取标签里的文本内容
$("ul").text()              // 获取 <ul> 标签里所有的文本内容
```

设置标签的文本内容，格式如下：

```
$(" 选择器 ").text(" 内容 ")        // 设置标签里的文本内容为 " 内容 "
$("ul").text(" 你好，世界 ")        // 设置 <ul> 标签里的文本内容为 " 你好，世界 "
```

如果内容中出现标签，则不能进行解析，而是被当作文本内容输出。

3. val() 方法

获取表单的内容，格式如下：

```
$(" 选择器 ").val()         // 获取表单里的文本内容
$("input").val()            // 获取 <input> 标签里的文本内容
```

设置表单的文本内容，格式如下：

```
$(" 选择器 ").val(" 内容 ")             // 设置表单里的文本内容为 " 内容 "
$("input").val(" 你好，世界 ")          // 设置 input 标签里的文本内容为 " 你好，世界 "
```

需要注意的是，val() 方法可以操作表单（select、radio 和 checkbox）的选中情况，当要获取的元素是 <select> 元素时，返回结果是一个包含所选值的数组；当要设置表单元素的选中情况时，可以传递数组参数。

【实例 9-3】调整购物车商品数量，计算商品的金额。

在实例 9-2 已经完成了购物车的全选功能，本实例将在实例 9-2 的基础上进行扩展，实现购物车商品数量增减功能。

（1）打开"实例 9-3\js\trolley2.js"，在 $(function(){...}) 代码的末尾插入如下代码：

```
1  $(".increment").click(function () {
2      // 得到当前兄弟文本框的值
3      var n = $(this).siblings(".itxt").val();
4      n++;
5      $(this).siblings(".itxt").val(n);
6  });
```

上述代码是为页面中的【+】按钮绑定单击事件。事件触发后，先获取文本框中当前的值，然后将值加 1 后再设置文本框的值。【–】按钮的代码与【+】按钮的代码类似，具体代码如下：

```
7   $(".decrement").click(function () {
8       // 得到当前兄弟文本框的值
9       var n = $(this).siblings(".itxt").val();
10      if (n == 1) {
11          return false;
12      }
13      n--;
14      $(this).siblings(".itxt").val(n);
15  });
```

（2）在增减完商品数量之后，可以对商品的金额进行计算，然后通过 html() 方法修改当前商品的金额中显示的内容。在【+】按钮单击事件的最后插入以下代码：

```
1  var p = $(this).parents(".p-num").siblings(".p-price").html();
2  p = p.substr(1);
3  var price = (p * n).toFixed(2);   // 将计算结果保留 2 位小数
4  $(this).parents(".p-num").siblings(".p-sum").html("¥" + price);
```

上述代码中，第 1 行代码用来获取当前商品的单价，第 2 行代码通过 substr() 方法去掉价格中的"¥"符号，然后通过第 3 行和第 4 行代码进行计算后设置到页面中。以同样的方法在【–】按钮的单击事件中插入上述代码完成计算金额的功能。

（3）由于用户也可以直接修改文本框中的数量，修改后也要更新金额，因此要为文本框绑定 change() 事件，代码如下：

```
1  $(".itxt").change(function () {
2      // 先得到文本框的里面的值，然后乘以当前商品的单价
3      var n = $(this).val();
4      // 当前商品的单价
5      var p = $(this).parents(".p-num").siblings(".p-price").html();
6      p = p.substr(1);
7      var price = (p * n).toFixed(2);
8      $(this).parents(".p-num").siblings(".p-sum").html("¥" + price);
9  });
```

上述代码中，第 1 行通过 $(".itxt") 获取商品数量文本框对象，绑定 change() 事件，当状态发生变化时触发；第 3 行代码通过 $(this).val() 获取商品数量，然后进行计算金额再设置到页面中。

（4）保存后，在浏览器中打开 shoppingCart.html，运行效果如图 9-3 所示。

图 9-3　调整购物车商品数量并计算金额

任务 9.4 实施情况表

任务名称	节点元素的操作		任务难度	★★★☆☆
任务简介	掌握遍历元素、创建、插入和移除元素的方法与具体用法			
专　　业		班　级	组　长	
组　　员		实施日期	年　月　日	
任务要求	1. 计算选中购物车商品总数和总价。 2. 删除购物车中的商品			

	观测点	等级				自评	互评	教师评
		A	B	C	D			
课堂表现	学习态度	课前充分预习、课中积极主动、具有探索意识，表现优秀	能完成课前预习、课中认真听课、理解知识点，表现良好	简单预习、课中偶尔开小差、知识点掌握一般，表现一般	没有预习、课中基本不听课，表现较差			
	回答问题	对问题的理解到位，能准确回答问题，并能做到举一反三	对问题的理解到位，基本上能回答正确	对问题理解一般，需要提示才能回答	不理解问题意思，无法回答问题			
知识掌握	遍历元素	充分掌握jQuery遍历元素的两种方法，实现计算选中购物车商品的总数和总价	掌握jQuery遍历元素的两种方法，实现计算选中购物车商品的总数和总价	基本掌握jQuery遍历元素的两种方法，实现计算选中购物车商品的总数和总价	未能根据要求实现计算选中购物车商品的总数和总价			
	创建、插入元素	充分掌握jQuery创建、插入元素的具体方法和用法	掌握jQuery创建、插入元素的具体方法和用法	基本掌握jQuery创建、插入元素的具体方法和用法	未掌握创建、插入元素的具体方法和用法			
	移除元素	充分掌握jQuery删除元素的具体方法和用法，实现删除购物车商品的功能	掌握jQuery删除元素的具体方法和用法，实现删除购物车商品的功能	基本掌握jQuery删除元素的具体方法和用法，实现删除购物车商品的功能	未能根据要求实现删除购物车商品的功能			

任务 9.4　节点元素的操作

本任务用 jQuery 方法对节点元素进行遍历、创建、添加、删除等操作。

9.4.1　遍历元素

jQuery 隐式迭代是对同一类元素做了同样的操作。如果想要对同一类元素做不同操作，就需要用到遍历。主要有以下两种遍历的方法。

方法一：

```
$(" 选择器 ").each(function (index, domEle) {
  // 操作每个元素的代码；
})
```

each() 方法遍历 $(" 选择器 ") 的每一个元素。该方法是一个函数，在遍历每一个元素时调用一次。函数有 2 个参数：index 是每个元素的索引号；domEle 是每个 DOM 元素对象，不是 jQuery 对象。想要使用 jQuery 方法，需要用 $(domEle) 方法将 DOM 元素转换为 jQuery 对象。

方法二：

```
$.each(object，function (index, element) {
  // 操作每个元素的代码；
})
```

$.each() 方法可用于遍历任何对象。主要用于数据处理，比如数组、对象。格式与方法一比较类似，函数同样有 2 个参数：index 是每个元素的索引号；element 是遍历的内容。

【实例 9-4】计算选中购物车商品总数和总价。

在实例 9-3 中已经完成了购物车的数量改变和计算金额功能，本实例将在实例 9-3 的基础上进行扩展，实现当选中的商品改变了商品数量或取消商品选择时，都要对购物车的总数和总价进行重新计算。

（1）打开"实例 9-4\js\trolley3.js"，在 $(function(){...}) 代码的末尾编写 getTotal()，代码如下：

```
1  // 计算选中购物车商品总价
2  function getTotal() {
3    // 计算总件数
4    var count = 0;
5    var item = $(".j-checkbox:checked").parents(".cart-item");
6    item.find(".itxt").each(function (i, ele) {
7      count += parseInt($(ele).val());
8    });
9    $(".amount-sum em").text(count);
10   // 计算总额
11   var money = 0;
```

```
12    item.find(".p-sum").each(function (i, ele) {
13      money += parseFloat($(ele).text().substr(1));
14    });
15    $(".price-sum em").text("¥" + money.toFixed(2));
16  }
17  getTotal();
```

上述代码中，第 5 行代码获取选中的商品；第 6～8 行代码对商品数量文本框使用 each() 方法进行遍历，获取文本框的值累加到 count 变量；第 12～14 行代码遍历所有商品金额，计算总价 money；第 9 行和第 15 行代码分别再将 count 和 money 变量显示到页面中；第 17 行代码调用 getTotal()，在页面加载后进行求和。

（2）为了在用户改变购物车的选中商品和数量时自动计算总件数和总价，需要在每一个操作事件的函数代码中加入调用 getTotal() 函数求和，例如：

```
1  $(".checkall").change(function () {
2    $(".j-checkbox, .checkall").prop("checked", $(this).prop("checked"));
3    getTotal();
4  });
```

（3）保存后，在浏览器中打开 shoppingCart.html，运行效果如图 9-4 所示。

图 9-4 计算选中购物车商品总数和总价

9.4.2 创建元素

在 jQuery 中，可以使用工厂函数 $() 来创建元素节点，格式如下：

var 变量名 =$(html);

var li=$("<li> 中华民族伟大复兴 </li>");   // 创建一个 li 元素

jQuery 使用 $(html) 创建纯文本元素节点、带属性的元素节点和混合属性元素节点。

1. 创建纯文本节点

$("hello world !");

2. 创建属性节点

$("<li id='test'></li>");

3. 创建混合属性元素节点

$("<li id='test'>hello world !</li>");

此外，在任务 9.3 中介绍的 html() 方法也可以创建 HTML 元素，但是一般用于在某元素对象中新增子元素节点，例如：

$("li").html("<span> 你好，世界 <span>")   // 设置标签是 <li> 为 <span> 标签并添加相应内容

9.4.3 插入元素

jQuery 根据不同的方法可以在指定元素的不同位置添加合适的元素。

1. append() 方法

在被选元素内部的结尾插入指定元素，格式如下：

被选元素 .append(子元素);
var li=$("<li> 中华民族伟大复兴 </li>");   // 创建一个 li 元素
$("ul").append(li);   // 在 ul 元素的内部添加并且放到 ul 元素内容的最后

需要注意的是：将新建的元素添加到父元素中时，直接添加到父元素的最后；对于页面中已经存在的元素，该方法会将子元素剪切，然后粘贴在父元素的最后（不管该子元素是否属于该父元素）。

2. prepend() 方法

在被选元素内部的开头插入指定内容，格式如下：

被选元素 .prepend(子元素);
var li=$("<li> 中华民族伟大复兴 </li>");   // 创建一个 li 元素
$("ul").append(li);   // 在 ul 元素的内部添加并且放到 ul 元素内容的第一个

3. after() 方法

在被选元素的外部之后插入内容，格式如下：

被选元素 .after(新元素);
var div=$("<div> 中华民族伟大复兴 </div>");   // 创建一个 div 元素
$("ul").after(div)   // 在 ul 元素的外部之后插入 div 元素

4. before() 方法

在被选元素的外部之前插入内容，格式如下：

被选元素 .before(新元素);
var div=$("<div> 中华民族伟大复兴 </div>");   // 创建一个 div 元素
$("ul").before(div)   // 在 ul 元素的外部之前插入 div 元素

5. appendTo() 方法

把子元素作为父元素的最后一个子元素添加，格式如下：

子元素 .appendTo(被选元素);
var li=$("<li> 中华民族伟大复兴 </li>");   // 创建一个 li 元素
li.appendTo($("ul"));   // 把 li 插入到 ul 元素内部的最后

6. prependTo() 方法

把子元素作为父元素开头的第一个子元素添加，格式如下：

子元素 . prependTo(被选元素);
var li=$("<li> 中华民族伟大复兴 </li>");   // 创建一个 li 元素
li. prependTo($("ul"));   // 把 li 插入到 ul 元素内部的开头

7. 同时添加若干个元素

append()、prepend()、after() 和 before() 这四种方法均能够通过参数接收无限数量的新元素，例如：

var div1="<div> 新时代中国特色社会主义思想 </div>";
var div2="<div> 社会主义现代化强国 </div>";
var div3="<div> 乡村振兴 </div>";
$("body").append(div1, div2,div3);

9.4.4　移除元素

移除元素分为两种情况：一种是移除匹配的元素本身，另一种是删除匹配的元素里面的子节点，具体的移除方法有两种。

1. empty() 方法

从 DOM 中移除集合中匹配元素的所有子节点，但不包括元素本身，格式如下：

$(被选元素).empty();
<ul>
　<li> 新时代中国特色社会主义思想 </li>
　<li> 社会主义现代化强国 </li>
　<li> 乡村振兴 </li>
</ul>
$("ul").empty();   // 移除所有的 <li> 元素

执行上述代码会把 <ul> 元素中的所有 <li> 元素都移除，如果里面包含任何数量的嵌套元素，它们也会被移走。为了避免内存泄漏，jQuery 先移除子元素的数据和事件处理函数，然后移除子元素。

2. remove() 方法

将匹配元素集合从 DOM 中移除，包括元素本身，同时移除元素上的事件及 jQuery 数据，格式如下：

$(' 需移除的元素 ').remove();
$(' 需移除的元素 ').remove(' 过滤选择 ');
<div class="container">
　<div class="div1"> 新时代中国特色社会主义思想 </div>
　<div class="div2"> 社会主义现代化强国 </div>
</div>

```
$('.div1').remove();    // 移除 " 新时代中国特色社会主义思想 "div
$('div').remove('.div2');  // 移除 " 社会主义现代化强国 "div
```

上述代码中，remove() 方法可以提供参数，也可以不提供参数。不提供参数则删除元素本身和内容；提供参数则可以进行元素过滤，将符合参数条件的元素删除。

此外，在任务 9.3 中的 html() 方法如果未设置参数，则返回被选元素的当前内容；如果传入的是一个空字符串，html() 则清空被选元素的当前内容，如 $("ul").html("")，表示把 <ul> 元素的子元素清空。

【实例 9-5】删除购物车中的商品。

删除功能分为三个功能模块：第一个功能模块是单击商品后的"删除"按钮，删除按钮所在行的商品；第二个功能模块是选中商品后单击"删除选中的商品"按钮，删除复选框所选中的商品；第三个功能模块是单击"清理购物车"按钮，删除购物车中所有的商品。

（1）打开"实例 9-5\js\trolley4.js"，在 $(function(){...}) 代码的末尾编写三个删除功能模块，代码如下：

```
1   // 删除购物车的商品
2   $('.p-action a').click(function () {
3       $(this).parents(".cart-item").remove();
4       getTotal();
5   })
6
7   // 删除选中的商品
8   $('.remove-batch').click(function () {
9       $('.j-checkbox:checked').parents('.cart-item').remove();
10      getTotal();
11  })
12
13  // 清理购物车
14  $('.clear-all').click(function () {
15      $('.cart-item').remove();
16      getTotal();
17  })
```

上述代码中，第一个功能模块是通过获取"删除"按钮生成单击事件，通过选择器 $(this) 获取其父元素 parents(".cart-item")，接着移除项目。第二个功能模块是通过获取"删除选中的商品"按钮生成单击事件，然后通过选择器 $('.j-checkbox:checked') 获取复选框的父元素 parents(".cart-item")，接着移除项目。第三个功能模块是通过获取"清理购物车"按钮生成单击事件，通过 $('.cart-item') 获取所有商品项，再移除项目。所有删除功能模块在移除项目后需要调用 getTotal() 对购物车商品件数和总价进行重新计算。

（2）保存后，在浏览器中打开 shoppingCart.html，运行效果如图 9-5 所示。

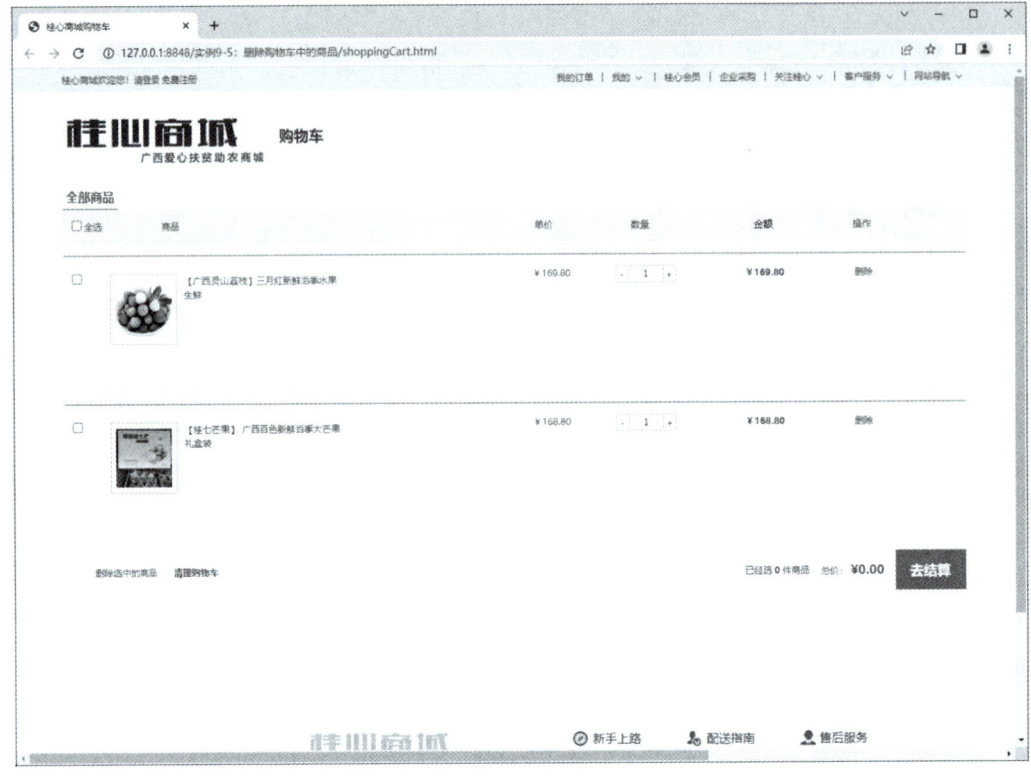

图 9-5 删除购物车的商品

小　　结

本章主要介绍了 jQuery 中的元素样式操作、元素属性操作、元素内容操作、节点元素操作四个方面的内容。其中，节点元素操作主要是介绍对节点元素进行遍历、创建、添加、删除等操作。

课 后 练 习

一、选择题

1．在 jQuery 中，能够获取和设置元素的值的方法是（　　　）。

　　A．attr( )　　　　B．text( )　　　　C．html( )　　　　D．val( )

2．（多选）在 jQuery 中，通过 jQuery 对象 .css( ) 可实现样式控制，以下说法正确的是（　　）。

　　A．css( ) 方法会去除原有样式并设置新样式

　　B．正确语法：css(" 属性 "," 值 ")

C．css( ) 方法不会去除原有样式

D．正确语法：css(" 属性 ";" 值 ")

3．以下 jQuery 代码运行后，对应的 HTML 代码变为（　　）。

HTML 代码：

`<p> 前端开发教程 </p>`

jQuery 代码：

`$("p").prepend("<b> 网页制作入门 </b>");`

A．`<p> 前端开发教程 <b> 网页制作入门 </b> </p>`

B．`<p><b> 网页制作入门 </b> 前端开发教程 </p>`

C．`<p> 前端开发教程 </p><b> 网页制作入门 </b>`

D．`<b> 网页制作入门 </b><p> 前端开发教程 </p>`

4．在 jQuery 中，要删除 DOM 中所有匹配的元素，以下选项正确的是（　　）。

A．remove( )　　　　　　　　　B．empty( )

C．html( )　　　　　　　　　　D．removeAll( )

5．（多选）在 jQuery 中，能够使 div 中的文本节点内容显示为空的代码是（　　）。

A．$("div").innerHTML=""　　　　B．$("div").val("")

C．$("div").html("")　　　　　　　D．$("div").text("")

6．在 jQuery 中为某元素添加或移除某个类样式，如果不存在就添加该类样式，如果存在就移除该类样式，以下可以实现此功能的方法是（　　）。

A．removeClass( )　　　　　　　B．toggleClass( )

C．delete( )　　　　　　　　　　D．addClass( )

7．网页中有一组单选按钮选项，执行以下代码后，结果是（　　）。

```
<input type="radio" id="r1" /> 男
  <input type="radio" id="r2" /> 女
  <script type="text/javascript">
    $(function(){
      var va=$("#r1").prop("checked");
      alert(va);
    })
  </script>
```

A．false　　　　B．true　　　　C．undefined　　　　D．男

8．下列不属于 jQuery 中操作 DOM 节点方法的是（　　）。

A．append( )　　B．prepend( )　　C．before( )　　D．attr( )

9．下列关于 html( ) 和 text( ) 方法描述错误的是（　　）。

A．text( ) 方法可以获取或者设置包含元素标签的内容

B．两者都可以用来为元素设置文本内容

C．html( ) 方法可以获取或者设置包含元素标签的内容

D．html( ) 方法和原生的 JavaScript 中的 innerHTML 属性的使用类似

10．在 jQuery 中，以下方法能够实现遍历元素的是（　　）。

　　A．val( )　　　　B．before( )　　　　C．each( )　　　　D．attr( )

二、填空题

1．jQuery 中利用 css() 方法设置 <p> 元素的字体（36px）和背景色（blue）的代码是 _____。

2．ul 元素调用 jQuery 提供的 _____ 方法，可将 li 元素作为 ul 的第一个子元素插入。

3．jQuery 中用于操作元素内容的方法有 _____、_____ 和 _____。

4．使用 _____ 方法可以删除 jQuery 中的 DOM 节点。

5．在 jQuery 中，创建一个内容为"中国梦"的新的 li 元素，相关代码是 _____。

实训 9 实施情况表

任务名称	购物车添加商品		任务难度	★★★☆☆	
任务描述	在购物车页面中增加"添加商品"按钮,当单击"添加商品"按钮时,可以在商品列表的开头添加一个商品,也可以选择是在商品列表的最后添加一个商品				
专　　业		班　　级		组　　长	
组　　员		实施日期		年　　月　　日	
观测点	完成内容		自评	互评	教师评
实训任务所涉及的知识点					
实训任务操作思路					

实训 9 购物车添加商品

在购物车页面中增加"添加商品"按钮,当单击"添加商品"按钮时,可以在商品列表的开头添加一个商品,也可以选择是在商品列表的最后添加一个商品。

(1)打开"实训 9:购物车添加商品"文件夹中的 shoppingCart.html 页面,在 <div class="operation">...</div> 元素的末尾添加"添加商品"超链接,代码如下:

```
1  <div class="operation">
2    <a href="javascript:;" class="remove-batch"> 删除选中的商品 </a>
3    <a href="javascript:;" class="clear-all"> 清理购物车 </a>
4    <a href="javascript:;" class="add-product"> 添加商品 </a>
5  </div>
```

(2)打开"实训 9:购物车添加商品"文件夹中的 car.css 页面,修改 .operation 样式和添加 .add-product 样式,代码如下:

```
1  .operation {
2     float: left;
3     width: 350px;
4     margin-left: 40px;
5  }
6  .add-product {
7     font-weight: 700;
8  }
```

(3)打开"实训 9:购物车添加商品 \js\trolley5.js"页面,在 $(function(){...}) 代码的末尾插入如下代码:

```
9   // 添加商品
10  $('.add-product').click(function() {
11    var newPro = $(
12      '<div class="cart-item"><div class = "p-checkbox"><input type="checkbox" class=
          "j-checkbox"></div><div class="p-goods"><div class="p-img" ><img src="./upload/yutou.png"
          alt="" ></div><div class="p-msg">【广西荔浦新鲜芋头】粉松而不粘,口感绵软、细腻
          香软 </div></div> <div class="p-price"> ¥24.90 </div> <div class="p-num"><div class=
          "quantity-form"><a href="javascript:;" class="decrement" >-</a> <input type="text" class="itxt"
          value="1" ><a href="javascript:;" class="increment">+</a></div></div><div class="p-sum">
          ¥24.90</div><div class="p-action"><a href="javascript:;" > 删除 </a></div ></div>'
13    );
14    // $('.cart-item-list').prepend(newPro);      // 在购物车开头插入
15    $('.cart-item-list').append(newPro);          // 在购物车末尾插入
16  })
```

（4）保存后，在浏览器中打开 shoppingCart.html，运行效果如图 9-6 所示。

图 9-6　添加商品

项目 10　jQuery 的事件与动画

能力目标

★ 掌握事件绑定和解除绑定的方法。
★ 了解 jQuery 中的事件对象和事件冒泡。
★ 掌握切换事件的方法。
★ 掌握 jQuery 的显示和隐藏相关动画方法。
★ 掌握滑动动画方法。
★ 掌握淡入淡出动画方法。

思政目标

★ 聚焦国家发展,坚定理想信念。
★ 坚持创新是引领发展的第一动力。
★ 增强学生的民族自豪感和爱国主义情怀。

素质目标

★ 提升创新意识,锤炼刻苦钻研、精益求精的品格。
★ 培养专业伦理意识和系统创新思维。
★ 引导学生遵守职业道德规范。

项目思维导图

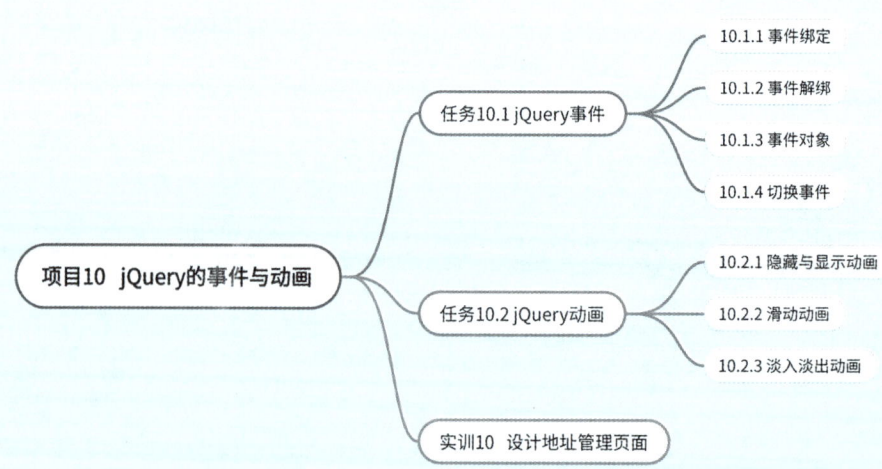

任务 10.1 实施情况表

任务名称	jQuery 事件		任务难度	★★★☆☆		
任务简介	掌握事件绑定、解除绑定和切换事件的方法，了解 jQuery 中的事件对象以及事件冒泡					
专　　业		班　　级		组　　长		
组　　员		实施日期		年　　月　　日		
任务要求	在"实训 9"的基础上进行修改，完善购物车的计算功能					

观测点		等级				自评	互评	教师评
		A	B	C	D			
课堂表现	学习态度	课前充分预习、课中积极主动、具有探索意识，表现优秀	能完成课前预习、课中认真听课、理解知识点，表现良好	简单预习、课中偶尔开小差、知识点掌握一般，表现一般	没有预习、课中基本不听课，表现较差			
	回答问题	对问题的理解到位，能准确回答问题，并能做到举一反三	对问题的理解到位，基本上能回答正确	对问题理解一般，需要提示才能回答	不理解问题意思，无法回答问题			
知识掌握	事件绑定与解绑	熟练掌握 jQuery 中事件绑定与解绑的具体方法，使用 on 方法完善购物车的计算功能	掌握 jQuery 中事件绑定与解绑的具体方法，使用 on 方法完善购物车的计算功能	基本掌握 jQuery 中事件绑定与解绑的具体方法，使用 on 方法完善购物车的计算功能	未能按要求完善购物车的计算功能			
	事件对象和切换事件	熟练掌握事件对象与切换事件的常用方法	掌握事件对象与切换事件的常用方法	基本掌握事件对象与切换事件的常用方法	未掌握事件对象与切换事件的常用方法			

任务 10.1　jQuery 事件

JavaScript 虽然提供了事件操作机制，但由于浏览器处理事件的差异，在使用 JavaScript 进行程序设计时，需要充分考虑到浏览器的兼容性。这样就会导致页面编写的代码过于复杂和臃肿，不利于程序的维护，降低了编程效率。

jQuery 对 JavaScript 的事件进行了封装，因此编写程序时不必再考虑浏览器的兼容性。jQuery 库封装了 JavaScript 的常用事件，以方便开发者便捷地绑定这些事件。

10.1.1　事件绑定

jQuery 封装了事件，简化了事件的绑定和处理。jQuery 提供了一些绑定事件的简单方式，可以通过事件方法绑定事件，如前面多次使用的 $(" 选择器 ").click() 绑定事件，还有通过 on()、bind() 等方法。

1. 通过事件方法绑定

在前面的项目中，已经了解到单个事件的绑定是通过调用某个事件方法并传入事件处理函数来实现的，如 click()、change() 等事件。jQuery 中的事件与 JavaScript 中的事件相比，省略了前缀 on，并且 jQuery 的事件方法允许为一个事件绑定多个事件处理函数。只需要多次调用事件方法，传入不同的函数即可。jQuery 常用事件方法见表 10-1。

表 10-1　jQuery 常用事件方法

事件类型	事件名称	描述
页面加载响应事件	ready(fn)	当 DOM 载入就绪可以查询或操纵时，绑定一个要执行的函数
鼠标事件	click(fn)	鼠标单击事件
	dbclick(fn)	鼠标双击事件
	mouseover(fn)	鼠标（指针）移入事件
	mouseout(fn)	鼠标（指针）移出事件
	mousedown(fn)	鼠标按下事件
	mouseup(fn)	鼠标松开事件
	mousemove(fn)	鼠标移动事件
表单事件	blur(fn)	当元素失去焦点时触发
	focus(fn)	当元素获取焦点时触发
	change(fn)	当元素的值发生改变时触发
	select(fn)	当文本框中的文本被选中时触发
	submit(fn)	当表单提交时触发

续表

事件类型	事件名称	描述
键盘事件	keydown(fn)	按下按键时触发
	keypress(fn)	按下除 Shift、Fn、CapsLock 等非字符按键外的按键时触发
	keyup(fn)	键盘按键弹起时触发
浏览器事件	scroll(fn)	浏览器窗口滚动条发生变化时触发
	resize(fn)	浏览器窗口的大小发生改变时触发

其中 fn 表示触发事件时执行的处理函数，代码格式如下：

```
$(" 选择器 "). 事件名 (function(){
  事件处理代码；
});
$("div").click(function(){   // 为 div 元素绑定单击事件
  $(this).css("background","red");
});
```

需要注意的是，在常用的事件方法中，ready(fn) 的事件触发与其他事件方法不太一样，ready(fn) 为加载 DOM 时绑定一个要执行的函数，完整格式是 $(document).ready()，在项目 8 中也介绍了这个事件的使用方法。

2. 通过 on() 方法绑定事件

on() 方法用于在匹配元素上绑定一个或多个事件处理函数，格式如下：

```
$(" 选择器 1").on(" 事件名 ",$(" 选择器 2") [, 数据对象 ]function(){
  事件处理代码；
});
```

选择器 1 一般为选择器 2 的父元素；事件名表示一个或多个用空格分隔的事件类型，如 click；选择器 2 为子元素选择器；数据对象为可选参数，一般是需要传递到处理函数的参数；function 为绑定在元素身上的监听函数。

```
// 为 body 元素中类名为 current 的元素绑定单击事件
$("body").on("click",$(".current"),function(){
    $(this).css("background","red");
});
// 利用大括号为 div 元素绑定多个事件
$("div").on({
  mouseover:function(){
    $(this).css("background","red");
  }
  mouseout:function(){
    $(this).css("background","yellow");
  }
  click:function(){
    $(this).css("background","yellow");
  }
});
```

```
// 利用空格分隔为多事件绑定事件处理函数
$("div").on("mouseover mouseout":function(){
    $(this).toggleClass("current");
});
```

上述代码中，第一段代码的 click 事件是绑定在父元素 body 上的，但是触发事件的是类名为 .current 的子元素，当子元素触发事件后，就会通过事件冒泡执行父元素 body 的事件处理程序。这种方式绑定称为事件委派，实际上是把原本要给子元素绑定的事件绑定到了父元素上，也就是把子元素的事件委派给父元素。由于事件有冒泡机制，当一个元素触发事件时，可以区分发生事件的是父元素还是子元素。

需要注意的是，在事件委派的情况下，事件处理函数中的 this 表示触发事件的元素。事件委派的优势在于可以为未来动态创建的元素绑定事件。

3. 通过 bind() 方法绑定事件

bind() 方法也是为每一个选择元素的事件绑定一个或多个处理函数，格式如下：

```
$(" 选择器 ").bind(" 事件名 ",[ 数据对象 ],function(){
    事件处理代码；
});
```

on() 方法和 bind() 方法的使用方法非常相似，因此就不详细介绍 bind() 的用法。除了以上两种绑定事件的方法，还有 live() 方法和 delegate() 方法，由于都在新版本中不推荐使用了，故本书不作介绍。

两种方法的相同点：

（1）都支持单元素多事件的绑定，多事件采用空格相隔方式或者大括号替代方式。

（2）均是通过事件冒泡方式将事件传递到 document 进行事件的响应。

两种方法的不同点：

（1）bind() 方法只能针对已经存在的元素进行事件的设置，但是 on() 方法支持未来新添加元素的事件设置。

（2）on() 方法可以指定具体的子元素，bind() 方法只能绑定选择器元素。

（3）bind() 是 jQuery 1.7 之前的版本推荐使用的，jQuery 1.7 版本后开始推荐使用 on() 方法。

4. 通过 one() 方法绑定一次事件

使用 one() 方法为指定选择器元素添加一个 "只触发一次" 的事件，格式如下：

```
$(" 选择器 ").one(" 事件名 ", [ 数据对象 ],function(){
    事件处理代码；
});
$("#btn" ) .one ("click",function () {
    alert(" 只弹出一次的警告框 !") ;
});
```

使用 one() 方法为所有符合指定选择器的后代元素添加一个 "只触发一次" 的事件，格式如下：

```
$(" 选择器 ").one(" 事件名 ",[" 选择器 2" [, 数据对象 ],]function(){
    事件处理代码；
```

```
});
$("div").one("click","p",function(){
  alert($(this).text()) ;
});
```

当 div 元素和 div 子元素的 p 元素有多个时，每个 div 元素都为后代 p 元素的 click 事件绑定了事件处理函数。只要 p 元素中任意一个触发了 click 事件，就会移除 p 元素的父元素（div 元素）上绑定的事件处理函数。

10.1.2 事件解绑

通过 off() 方法可以解除 on() 方法添加的事件处理程序，格式如下：

```
$(" 选择器 1").off( [ 事件名 [,选择器 2 ] [,事件处理函数 ]]);
```

根据 on() 绑定事件的一些特性，off() 方法也可以通过相应的传递组合的事件名、名字空间、选择器或处理函数来移除绑定在元素上指定的事件处理函数。当有多个参数时，只有与这些参数完全匹配的事件处理函数才会被移除。

1. 解绑一个事件

通过选择器查找元素后，解绑存在的一个事件名，格式如下：

```
$(" 选择器 ").off(" 事件名 ");
$(".current").off("click");    // 将类名为 current 元素的单击事件解绑
```

2. 解绑多个事件

通过选择器查找元素后，解绑存在的多个事件名，格式如下：

```
$(" 选择器 ").off(" 事件名 1,事件名 2...");
$(".current").off("mouseover mouseout");    // 将类名为 current 元素的鼠标进入和退出事件解绑
```

3. 解绑所有事件

通过选择器查找元素后，不需要传递事件名，就可将元素绑定的所有事件解绑。格式如下：

```
$(" 选择器 ").off();
$(".current").off();  // 将类名为 current 元素的所有事件解绑
```

10.1.3 事件对象

1. 事件对象

当一个事件被触发时，绑定的事件处理函数有时需要获取该事件的一些信息，以便对事件作进一步处理。例如：绑定 click 事件的处理函数，可能需要获取鼠标的位置信息，这时就需要使用事件对象。一般使用 event 或者 e 作为参数接收，在事件处理函数中可以使用参数 event 来接收事件对象，格式如下：

```
$(" 选择器 ").on(" 事件名 ",[" 选择器 2" [, 数据对象 ],]function(event){
  event.事件对象属性；
});
```

例如以下代码执行后，在控制台中可以查看事件对象，如图 10-1 所示。

```
<div> 点我 </div>
<script type="text/javascript">
```

```
    $("div").on("click",function (event) {
      console.log(event);
    })
</script>
```

```
                                                                  new file.html:12
▼n.Event {originalEvent: PointerEvent, type: 'click', timeStamp: 1162.7999999970198, j
 Query112406444286100774426: true, isDefaultPrevented: ƒ, …}
   altKey: false
   bubbles: true
   button: 0
   buttons: 0
   cancelable: true
   clientX: 27
   clientY: 19
   ctrlKey: false
 ▶ currentTarget: div
   data: undefined
 ▶ delegateTarget: div
   detail: 1
   eventPhase: 2
   fromElement: null
 ▶ handleObj: {type: 'click', origType: 'click', data: undefined, guid: 2, handler: ƒ,
 ▶ isDefaultPrevented: ƒ qa()
   jQuery112406444286100774426: true
   metaKey: false
   offsetX: 19
   offsetY: 11
 ▶ originalEvent: PointerEvent {isTrusted: true, pointerId: 1, width: 1, height: 1, pre
   pageX: 27
   pageY: 19
   relatedTarget: null
   screenX: 27
   screenY: 90
   shiftKey: false
 ▶ target: div
   timeStamp: 1162.7999999970198
   toElement: null
   type: "click"
 ▶ view: Window {window: Window, self: Window, document: document, name: '', location:
   which: 1
 ▶ [[Prototype]]: Object
```

图 10-1　事件对象

通过事件对象可以获取事件和相关信息，如 clientX（鼠标光标位置 X 坐标）、clientY（鼠标光标位置 Y 坐标）等，jQuery 事件对象属性名和描述见表 10-2。

表 10-2　jQuery 事件对象

属性名	描述
type	获取这个事件的事件类型，如 click
target	获取绑定事件的 DOM 元素
data	获取事件调用时的额外数据
relatedTarget	获取移入移出的目标点，离开或进入的 DOM 元素
currentTarget	获取冒泡前触发的 DOM 元素，等同于 this
PageX/pageY	获取相对于页面原点的水平 / 垂直坐标
screenX/screenY	获取显示器屏幕位置的水平 / 垂直坐标（非 jQuery 封装）
clientX/clientY	获取相对于页面窗口的水平 / 垂直坐标（非 jQuery 封装）

续表

属性名	描述
result	获取上一个相同事件的返回值
timeStamp	获取事件触发的时间戳
which	获取鼠标的左中右键（1，2，3），或键盘按键

2. 冒泡

如果在页面中重叠了多个元素，并且重叠的这些元素都绑定了同一个事件，那么就会出现冒泡问题，例如：

```
<body>
  <div style="width:308px;height: 308px;background-color:skyblue;">
    <input type="button" value="button" />
  </div>
</ body>
<script>
  $(document).click(function(){
    alert("document" );
  });
  $("div").click(function(){
    alert("div");
  });
  $(":button").click(function(){
    alert("button");
  });
</script>
```

上述代码中 document、div、input 三个元素绑定了同一个事件，当单击按钮时就会产生事件冒泡，会依次弹出对话框显示 button、div 和 document。

3. 阻止冒泡

事件对象还提供了一个 event.stopPropagation() 方法，该方法可以完全阻止事件冒泡。这个方法也是一种纯 JavaScript 特性，但在跨浏览器的环境中无法完全使用，不过，只要我们通过 jQuery 来注册所有的事件处理程序，就可以放心使用该方法。将上述 <script> 代码修改为：

```
$(document).click(function(){
  alert("document");
});
$("div").click(function(event){
  event.stopPropagation();
  alert("div");
});
$(":button").click(function(event){
  event.stopPropagation();
  alert("button");
});
```

同前面的一样，需要为用于单击处理程序的函数添加一个参数，以便访问事件对象，然后，通过简单地调用 event.stopPropagation() 就可以避免其他所有 DOM 元素响应这个事件。这样一来，在 button 的 div 上单击按钮的事件就会被按钮处理，而且只会被按钮处理，除非是单机按钮以外的区域才会发生弹出对话框 document，因为在 button 中的单击已经被阻止了，冒泡到最外层的 document 上。

10.1.4 切换事件

在 jQuery 中，有两个方法用于事件的切换——hover() 和 toggle()。切换事件是指有两个以上的事件绑定于一个元素，在元素的行为动作间进行切换。

1. hover() 方法

hover() 方法主要针对的是鼠标的进入和离开操作，是当鼠标移动到所选的元素上面时，执行指定的第一个函数；当鼠标移除这个元素时，执行指定的第二个函数。如果一个超链接标记 <a>，若想实现当鼠标悬停时触发一个事件，鼠标移出时又触发另一个事件，其语法格式如下：

```
$(" 选择器 ").hover(
  function(){
    // 执行代码一
  },function(){
    // 执行代码二
  })
```

hover 的第一个参数（匿名方法）表示 mouseenter，第二个参数表示 mouseleave，即表示可以为 hover 传递两个参数，上述代码与下面代码是等价的：

```
$(" 选择器 ").mouseenter(function(){
  // 执行代码一
})
$(" 选择器 ").mouseleave(function(){
  // 执行代码二
})
```

使用 hover() 方法，实现当鼠标经过和离开 td 元素时添加和移除样式，代码如下：

```
$("td").hover(
  function(){
    $(this).addClass("hover");
  },
  function(){
    $(this).removeClass("hover");
  }
);
```

需要注意的是 mouseover、mouseout 和 mouseenter、mouseleave 这两对事件非常相似，但是有细微的差别。mouseover 是鼠标指针经过任何子元素都会触发绑定在父元素上的 mouseover 事件，mouseout 是鼠标指针离开任何子元素时都会触发父元素上的 mouseover 事件；mouseenter 是鼠标指针经过绑定的元素时触发事件，而经过其子元素时，不会触发事件，mouseleave 是只有当鼠标离开绑定的元素时才会触发该事件。hover() 方法不等于 mouseover 和 mouseout 切换，但等于 mouseenter 和 mouseleave 的切换。

2. toggle() 方法

toggle() 方法用于绑定两个或多个事件处理器函数，可以依次调用 N 个指定的函数，直到最后一个函数，然后重复对这个函数轮番调用，以响应被选元素轮流的 click 事件。该方法也可用于切换被选元素的 hide() 与 show() 方法。

```
$(" 选择器 ").toggle(
function({        // 第一次单击执行的函数
   // 执行代码一
  },
function({        // 第二次单击执行的函数
   // 执行代码二
  }
  ...
function(){       // 第 N 次单击执行的函数
   // 执行代码 N
});
```

在 toggle() 方法中，前两个函数是必选参数，后面的函数是可选的。当只有两个函数时，如果单击了一个匹配的元素，则触发指定的第一个函数；当再次单击同一元素时，则触发指定的第二个函数。随后的每次单击都重复对这两个函数的轮番调用。

使用 hover() 方法，实现当单击 p 元素时添加和移除样式，例如：

```
$("p").toggle(
  function(){
    $(this).addClass("selected");
  },function(){
    $(this).removeClass("selected");
});
```

【实例 10-1】完善购物车的计算功能。

本案例是根据实训 9 进行修改的，在实训 9 中通过单击"添加商品"按钮添加的商品，不能与购物车中原有的商品进行总件数和总价格的计算。主要原因是新添加的商品属于未来元素，而实训 9 的案例中是采用传统的事件绑定方式，不能与新元素同步，故在本例中使用 on() 方法添加的事件处理程序绑定已有的元素和未来的元素（比如由脚本创建的新元素）。

（1）打开"实例 10-1：完善购物车计算 \js\trolley5.js"，在代码中找到如下代码：

```
// 商品全选
$(".checkall").change(function() {
  省略事件处理代码 ...
});
$(".j-checkbox").change(function() {
```

```
    省略事件处理代码 ...
});
// 商品数量增加
$(".increment").click(function() {
    省略事件处理代码 ...
});
// 商品数量减少
$(".decrement").click(function() {
    省略事件处理代码 ...
});
// 修改文本框值计算金额
$(".itxt").change(function() {
    省略事件处理代码 ...
});
// 删除购物车中的商品
$('.p-action a').click(function() {
    省略事件处理代码 ...
})
```

（2）将上述代码中的事件修改为使用 on() 方法绑定事件处理函数，代码如下：

```
// 商品全选
$('body').on('change', '.checkall', function() {
    省略事件处理代码 ...
});
$('body').on('change', '.j-checkbox', function() {
    省略事件处理代码 ...
});
// 商品数量增加
$('body').on('click', '.increment', function() {
    省略事件处理代码 ...
});
// 商品数量减少
$('body').on('click', '.decrement', function() {
    省略事件处理代码 ...
});
// 修改文本框值计算金额
$('body').on('change', '.itxt', function() {
    省略事件处理代码 ...
});
// 删除购物车中的商品
$('body').on('click', '.p-action a', function() {
    省略事件处理代码 ...
})
```

（3）保存后，在浏览器中打开 shoppingCart.html，运行效果如图 10-2 所示。

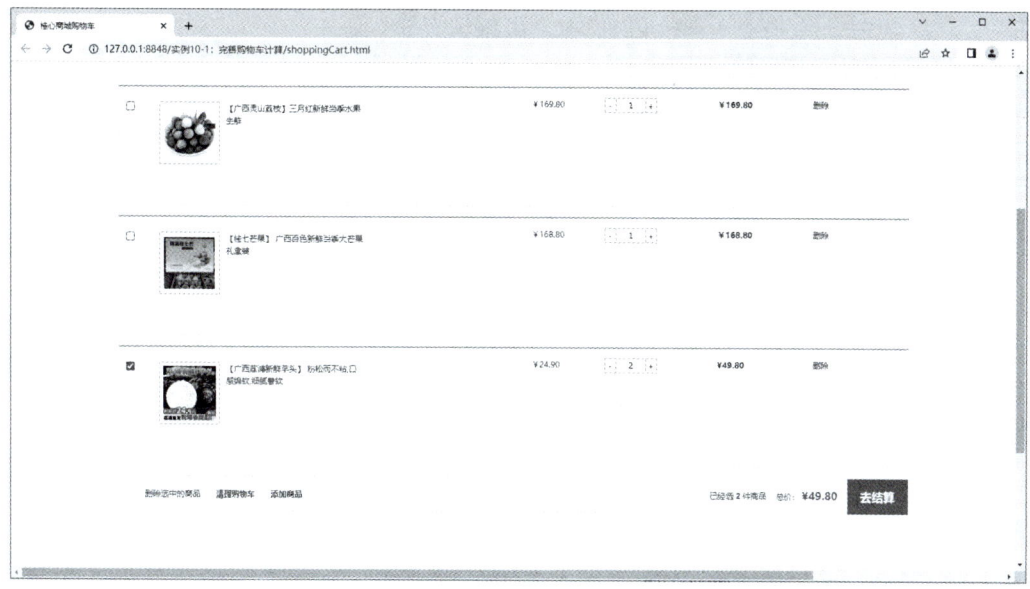

图 10-2 完善购物车的计算功能

对比实训 9 的脚本，普通事件方法与 on() 方法在绑定静态控件时没有区别，但是如果面对动态产生的控件，只有 on() 方法能成功绑定到动态控件中。

任务 10.2 实施情况表

任务名称	jQuery 动画		任务难度	★★★★☆
任务简介	掌握隐藏与显示动画、滑动动画和淡入淡出动画的使用方法			
专　　业		班　　级		组　　长
组　　员		实施日期		年　　月　　日
任务要求	进行评论管理，输入评论内容并单击"发布"按钮后，在评论区使用下滑动画显示评论内容；单击评论内容后的"删除"，该条评论内容上滑消失			

观测点		等级				自评	互评	教师评
		A	B	C	D			
课堂表现	学习态度	课前充分预习、课中积极主动、具有探索意识，表现优秀	能完成课前预习、课中认真听课、理解知识点，表现良好	简单预习、课中偶尔开小差、知识点掌握一般，表现一般	没有预习、课中基本不听课，表现较差			
	回答问题	对问题的理解到位，能准确回答问题，并能做到举一反三	对问题的理解到位，基本上能回答正确	对问题理解一般，需要提示才能回答	不理解问题意思，无法回答问题			
知识掌握	隐藏与显示动画	熟练掌握隐藏和显示动画的方法，为选中的元素添加动画	掌握隐藏和显示动画的方法，为选中的元素添加动画	基本掌握隐藏和显示动画的方法，为选中的元素添加动画	未掌握隐藏和显示动画的方法，为选中的元素添加动画			
	滑动动画	熟练掌握滑动动画的方法，实现评论管理	掌握滑动动画的方法，实现评论管理	基本掌握滑动动画的方法，实现评论管理	未掌握滑动动画的方法，实现评论管理			
	淡入淡出动画	熟练掌握淡入淡出动画的方法，为选中的元素添加动画	掌握淡入淡出动画的方法，为选中的元素添加动画	基本掌握淡入淡出动画的方法，为选中的元素添加动画	未掌握淡入淡出动画的方法，为选中的元素添加动画			

任务 10.2　jQuery 动画

在网页设计中，适当地使用动画特效可以使网页看起来动感十足，同时增加用户的使用体验。在 jQuery 中内置了一组方法用于实现不同类型的动画，当这些方法不能满足实际需求时，还可以使用自定义动画进行设置。

10.2.1　隐藏与显示动画

1．hide() 方法

一般可以通过设置 css 的 display 为 none 属性让页面上的元素不可。但是通过 css 直接修改是静态的布局，如果在代码执行的时候，一般是通过 JavaScript 控制元素的 style 属性，这里 jQuery 提供了 hide() 方法设置元素不可见，格式如下：

```
$(" 选择器 ").hide([speed,easing,callback]);
```

参数中 speed 表示动画的速度，可以设置动画时长的毫秒值（如 1000）或者预定的 3 种速度（slow 表示 600 毫秒，normal 表示 400 毫秒，fast 表示 200 毫秒）；easing 规定在动画的不同点上元素的速度，默认值为 swing（在开头 / 结尾移动慢，在中间移动快），可选值为 linear（匀速移动）；callback 表示在动画完成时执行的回调函数。

2．show() 方法

css 中有 display:none 属性，同时也有 display:block 属性，所以 jQuery 同样提供了与 hide() 相反的 show() 方法。show() 方法的作用是让元素从隐藏到显示，格式如下：

```
$(" 选择器 ").show([speed,easing,callback]);
```

show() 方法的参数与 hide() 方法的参数相同。

3．toggle()

show() 与 hide() 是一对互斥的方法。需要对元素进行显示与隐藏的互斥切换，通常情况是需要先判断元素的 display 状态，然后调用其对应的处理方法。比如显示的元素，那么就要调用 hide()，反之亦然。对于这样的操作行为，toggle() 方法也可以实现这个效果，格式如下：

```
$(" 选择器 ").toggle([speed,easing,callback]);
```

jQuery 同样提供了参数设置动画时间和动画结束的回调函数。具体应用如下：

```
<!DOCTYPE html>
<html>
  <head>
    <meta charset="utf-8" />
    <meta name="viewport" content="width=device-width, initial-scale=1">
    <script src="js/jquery-1.12.4.min.js" type="text/javascript" charset="utf-8"></script>
    <title></title>
    <style>
      div {width: 300px;height: 401px;background-color: skyblue;}
    </style>
  </head>
  <body>
    <button> 显示冬奥会宣传图片 </button>
```

```
    <button>隐藏冬奥会宣传图片 </button>
    <button>显示与隐藏切换 </button>
    <div><img src="./images/ 冬奥会 .jpg" ></div>
    <script>
      $("button:eq(0)").click(function() {
        $("div").show(1500, function() {
          alert(" 已显示 ");
        });
      });
      $("button:eq(1)").click(function() {
        $("div").hide(1500, function() {
          alert(" 已隐藏 ");
        });
      });
      $("button:eq(2)").click(function() {
        $("div").toggle(1500);
      });
    </script>
  </body>
</html>
```

效果如图 10-3 所示。

图 10-3　显示与隐藏动画效果

10.2.2　滑动动画

jQuery 动画上下滑动效果在网页中的应用比较广泛，多数应用在导航菜单中。单击或者移动到一级导航菜单时二级导航向下滑动显示，单击或者移走时隐藏，主要有以下 3 种方法。

1. slideDown() 方法

slideDown() 方法通过高度变化（向下增大）来动态地显示所有匹配的元素，在显示完成后可选地触发一个回调函数。这个动画效果只调整元素的高度，可以使匹配的元素以"滑动"的方式显示出来，格式如下：

$(" 选择器 ").slideDown([speed,easing,callback]);

2. slideUp() 方法

slideUp() 方法通过高度变化（向上减小）来动态地隐藏所有匹配的元素，在隐藏完成后可选地触发一个回调函数。这个动画效果只调整元素的高度，可以使匹配的元素以"滑动"的方式隐藏起来，格式如下：

$(" 选择器 ").slideUp([speed,easing,callback]);

3. slideToggle() 方法

slideToggle() 方法在被选元素上进行 slideUp() 和 slideDown() 之间的切换。该方法检查被选元素的可见状态。如果一个元素是隐藏的，则运行 slideDown()；如果一个元素是可见的，则运行 slideUp()，格式如下：

$(" 选择器 ").slideToggle([speed,easing,callback]);

上述三种滑动动画方法的参数与上一小节的显示与隐藏动画方法的参数是相似的，speed 表示动画的速度，easing 表示规定在动画的不同点上元素的速度，callback 表示在动画完成时执行的回调函数。

将实例 example10-1 另存为 example10-2 后，打开 index.html。

（1）将 <body> 标签中的 <button> 标签代码修改为：

<button> 下滑显示冬奥会宣传图片 </button>
<button> 上滑隐藏冬奥会宣传图片 </button>
<button> 滑动显示与隐藏切换 </button>

（2）将 <script> 脚本修改为：

```
$("button:eq(0)").click(function() {
    $("div").slideDown(1500);
});
$("button:eq(1)").click(function() {
    $("div").slideUp(1500);
});
$("button:eq(2)").click(function() {
    $("div").slideToggle(1500);
});
```

效果如图 10-4 所示。

图 10-4　滑动动画效果

10.2.3 淡入淡出动画

在 jQuery 中，如果想要实现元素的淡入与淡出的渐变效果，有以下几种方式。

1. fadeIn() 方法

fadeIn() 方法用于淡入已隐藏的元素，格式如下：

```
$(" 选择器 ").fadeIn([speed,easing,callback]);
```

2. fadeOut() 方法

fadeOut() 方法用于淡出已显示的元素，格式如下：

```
$(" 选择器 ").fadeOut([speed,easing,callback]);
```

3. fadeToggle() 方法

可以在 fadeIn() 与 fadeOut() 方法之间进行切换。如果元素已淡出，则 fadeToggle() 会向元素添加淡入效果。如果元素已淡入，则添加淡出效果，格式如下：

```
$(" 选择器 ").fadeToggle([speed,easing,callback]);
```

上述三种滑动动画方法的参数与显示和隐藏动画方法的参数是相似的，speed 表示动画的速度，easing 表示规定在动画的不同点上元素的速度，callback 表示在动画完成时执行的回调函数。

4. fadeTo() 方法

用于把元素的透明度指定为某个值（值介于 0 与 1 之间），并不会隐藏元素，格式如下：

```
$(" 选择器 ").fadeTo(speed,opacity,[callback]);
```

fadeTo() 方法的参数中 speed 为必选参数：规定效果的时长，可以取 slow、fast 或毫秒。opacity 为必选参数：将淡入淡出效果设置为给定的不透明度（值介于 0 与 1 之间）。

将实例 example10-1 另存为 example10-3 后，打开 index.html。

（1）将 <body> 标签中的 <button> 标签代码修改为：

```
<button> 淡入冬奥会宣传图片 </button>
  <button> 淡出冬奥会宣传图片 </button>
  <button> 淡入和淡出的切换 </button>
  <button> 设置透明度 </button>
```

（2）将 <script> 脚本修改为：

```
$("button:eq(0)").click(function() {
  $("div").fadeIn(1500);
});
$("button:eq(1)").click(function() {
  $("div").fadeOut(1500);
});
$("button:eq(2)").click(function() {
  $("div").fadeToggle(1500);
});
$("button:eq(3)").click(function() {
  $("div").fadeTo(1500,0.5);
});
```

效果如图 10-5 所示。

图 10-5　淡入淡出动画效果

使用 fadeIn() 和 fadeOut() 方法实现的淡入和淡出效果与使用 show() 和 hide() 方法实现的带动画的显示与隐藏效果很相似，实际上这两种方式还是有一定区别的。show() 与 hide() 是通过改变 height、width、opacity、display 来实现元素的显示与隐藏效果；fadeIn() 与 fadeOut() 是通过改变 opacity、display 来实现元素的淡入与淡出效果。

此外，使用这两种方式实现的效果在视觉上也有一定的区别，例如：使用 hide() 方法实现的效果是慢慢缩小，而 fadeOut() 方法实现的效果是整体淡化直至消失。

【实例 10-2】评论管理。

输入评论内容单击"发布"按钮后，在评论区使用下滑动画显示评论内容；单击评论内容后的"删除"按钮，该条评论内容上滑消失。

（1）打开"实例 10-2：评论管理"文件夹中的 comment.html 文件，其页面代码如下：

```
<body>
  <div class="box">
    <h3> 发表评论 </h3>
    <textarea name="" class="txt" cols="30" rows="10"></textarea><br>
    <button class="btn"> 发表 </button>
  </div>
  <h3> 评论区 </h3>
  <ul></ul>
</body>
```

上述代码中，在"<h3> 评论区 </h3>"后加入了空的 <ul></ul> 标签，主要目的是可以通过 html() 方法动态添加 <li> 元素。

（2）在 <ul></ul> 插入 <script> 标签，输入以下代码：

```
1  <script>
2    $(".btn").on("click", function () {
```

```
3      var li = $("<li></li>");
4      li.html($(".txt").val() + "<a href='javascript:;'> 删除 </a>").hide();
5      $("ul").prepend(li);
6      li.slideDown(1000,function () {
7        $(this).show();
8      });
9      $(".txt").val("");
10    });
11    $("ul").on("click", "a", function () {
12      $(this).parent().slideUp(1000,function () {
13        $(this).remove();
14      });
15    });
16  </script>
```

上述代码中，输入内容后，单击"发布"按钮绑定事件函数，在事件函数中通过添加 <li> 元素后，用 hide() 方法隐藏，然后再通过 slideDown() 方法下滑显示。单击"删除"按钮，通过 slideUp() 方法上滑移除元素。

（3）保存后，在浏览器中打开 comment.html，运行效果如图 10-6 所示。

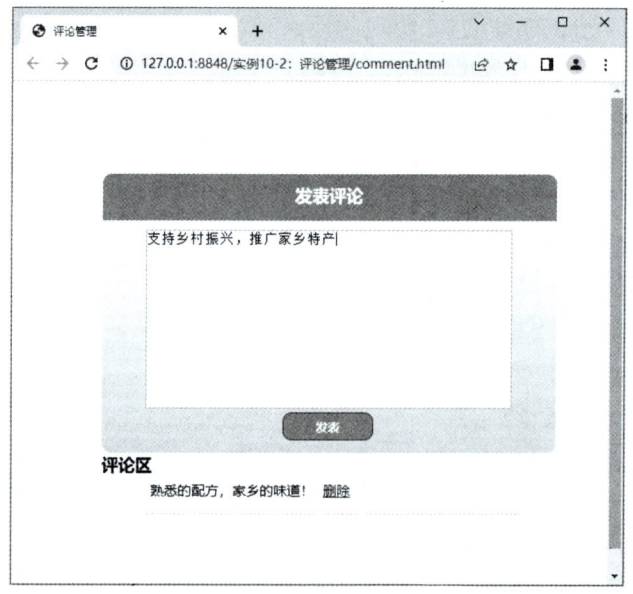

图 10-6　评论管理

小　　结

本章主要介绍了 jQuery 的事件与动画，主要说明了 jQuery 事件的绑定与解除和 jQuery 动画的属性与制作，重点讲解了 jQuery 绑定事件的几种方法——bind()、on() 和 one() 方法，以及隐藏和显示、滑动、淡入淡出等动画制作的方法。

课 后 练 习

一、选择题

1. jQuery 中提供了对动画效果的支持，以下说法中错误的是（　　）。
   A．show() 和 hide() 可控制元素的显示和隐藏
   B．fadeOut([speed],[fn]) 中，speed 代表速度，fn 代表处理函数
   C．hide([speed],[fn]) 中，speed 代表速度，fn 代表处理函数
   D．以上参数中的 speed 的单位是"秒"

2. jQuery 中 fadeTo() 方法语法格式如下，下列描述正确的是（　　）。
   $(selector).fadeTo(speed, opacity, callback);
   A．speed 的值可以是 slow 或 normal
   B．callback 参数会在所有元素的动画执行完成后执行
   C．opacity 参数的取值范围是 1～100
   D．fadeTo() 效果会在 fadeIn() 和 fadeOut() 两种效果间切换

3. 下列关于 jQuery 中方法的描述，错误的是（　　）。
   A．slideDown() 方法控制元素的向下滑动
   B．show() 方法控制元素的显示
   C．toggle() 方法用于控制元素的透明度切换
   D．fadeOut() 方法控制元素的淡出

4. （多选）jQuery 中，鼠标移出元素将触发的事件是（　　）。
   A．mouseover　　　　　　　　B．mouseleave
   C．mouseout　　　　　　　　　D．mouseup

5. （多选）jQuery 事件对象中，用于取消事件冒泡的方法是（　　）。
   A．return false　　　　　　　B．stopPropagation()
   C．preventDefault()　　　　　D．stop()

6. 下列选项中，（　　）方法绑定事件只执行一次就失效。
   A．over()　　　B．one()　　　C．bind()　　　D．on()

7. 下列说法中，错误的是（　　）。
   A．jQuery 中用 onclick 绑定单击事件
   B．jQuery 中用 on() 给未来元素绑定事件
   C．jQuery 中用 hover() 绑定鼠标经过事件
   D．jQuery 中存在冒泡事件，故需要阻止冒泡

8. 用于在 slideDown() 与 slideUp() 方法之间进行切换的是（　　）。
   A．toggleClass()　　　　　　B．slide()
   C．slideToggle()　　　　　　D．fadeToggle()

9．网页中的表单，如果想要给输入框添加一个输入验证，可以用下面的（　　）事件实现。

　　A．change()　　　B．hover()　　　　C．keypress()　　　D．on()

10．fadeIn()和fadeOut()动画方法通过（　　）的变化实现显示与隐藏。

　　A．透明度　　　B．高度　　　　C．宽度　　　　D．内外边距

二、填空题

1．jQuery中元素获得焦点时触发_____事件，元素失去焦点时触发_____事件。

2．jQuery中_____事件只要页面的DOM节点加载后便可触发。

3．jQuery中，事件绑定的方法有_____、_____、_____和_____。

4．hover()方法是由_____和_____组合而成的。

5．在jQuery的动画方法中，如果要设置为匀速移动，对应的属性参数是_____。

实训 10 实施情况表

任务名称	设计地址管理页面		任务难度	★★★★☆
任务描述	为桂心商城网站的地址管理页面添加如下功能： （1）输入地址信息后单击"确认"按钮，在地址管理区域通过下滑动画显示"提交成功"，2 秒后通过上滑动画隐藏。 （2）鼠标指针移动到左侧个人信息菜单栏的某个菜单时添加样式，离开后恢复原来样式。 （3）为地址区的 3 幅背景图添加淡入淡出动画轮播切换效果			
专　　业		班　　级		组　　长	
组　　员		实施日期		年　　月　　日	

观测点	完成内容	自评	互评	教师评
实训任务所涉及的知识点				
实训任务操作思路				

实训 10　设计地址管理页面

为桂心商城网站的地址管理页面添加如下功能：

（1）输入地址信息后单击"确认"按钮，在地址管理区域通过下滑动画显示"提交成功"，2秒后通过上滑动画隐藏。

（2）鼠标指针移动到左侧个人信息菜单栏的某个菜单时添加样式，离开后恢复原来样式。

（3）设置地址区的3幅背景图进行淡入淡出动画轮播切换。

操作步骤：

（1）打开"实训10 设计地址管理页面"文件夹中的 user_address.html 页面，HTML 页面中的关键代码如下：

```html
<!-- 轮播淡入淡出背景 -->
<ul class="bodybg">
  <li style="display:block"><img src="images/bodybg-1.jpg" /></li>
  <li><img src="images/bodybg-2.jpg" /></li>
  <li><img src="images/bodybg-3.jpg" /></li>
</ul>

<!-- 左侧个人信息菜单栏样式 -->
<div class="user_left">
  <div class="user_info">
    <div class="Head_portrait"><img src="images/image.jpg" width="80px" height="80px" />
    </div>
      <div class="user_name">用户张三 <a href="#">[ 个人资料 ]</a></div>
  </div>
  <ul class="Section">
    <li><a href="#"><em></em><span> 个人信息 </span></a></li>
    <li><a href="#"><em></em><span> 修改密码 </span></a></li>
    <li><a href="#"><em></em><span> 我的订单 </span></a></li>
    <li><a href="#"><em></em><span> 我的评论 </span></a></li>
    <li><a href="#"><em></em><span> 我的积分 </span></a></li>
    <li><a href="#"><em></em><span> 我的收藏 </span></a></li>
    <li><a href="#"><em></em><span> 收货地址管理 </span></a></li>
  </ul>
</div>

<!-- 按钮提交界面 Str-->
<div class="msgbox" id="q_Msgbox" style="display:none ">
  <span class="msgbox_succ"> 提交成功！ </span>
</div>
```

（2）引入 jQuery 文件和新建 js/animation.js 文件，并在 animation.js 中输入以下代码：

```
1  $(function () {
2    /*====== 背景图切换 ======*/
```

```
3   var bodybg = 0;
4   var len = $("ul.bodybg").find("li").length;
5   function picTimer() {
6     bodybg++;
7     if (bodybg == len) {
8       bodybg = 0;
9     }
10    $(".bodybg>li:eq(" + bodybg + ")").fadeIn(1500).siblings().fadeOut(1499);
11  }; // 渐入渐出
12  setInterval(picTimer, 3000); // 每 3 秒调用一次 PicTimer 函数
13
14  /*====== 提交成功动画 ======*/
15  $(".submit—btn").click(function() {
16    $("#q_Msgbox").slideDown(200);
17  });
18  function OKbtn() {
19    $("#q_Msgbox").slideUp(200);
20  } // 自动切换时间函数
21  var OKtime = setInterval(OKbtn, 2000);  // 执行函数
22
23  /*====== 个人信息菜单栏样式改变 ======*/
24  $(".Section").find("li").hover(function () {
25    $(this).find("a").addClass('user_left_hover');
26  },function () {
27    $(this).find("a").removeClass('user_left_hover');
28  })
29  })
```

（3）保存后，在浏览器中打开 user_address.html，运行效果如图 10-7 所示。

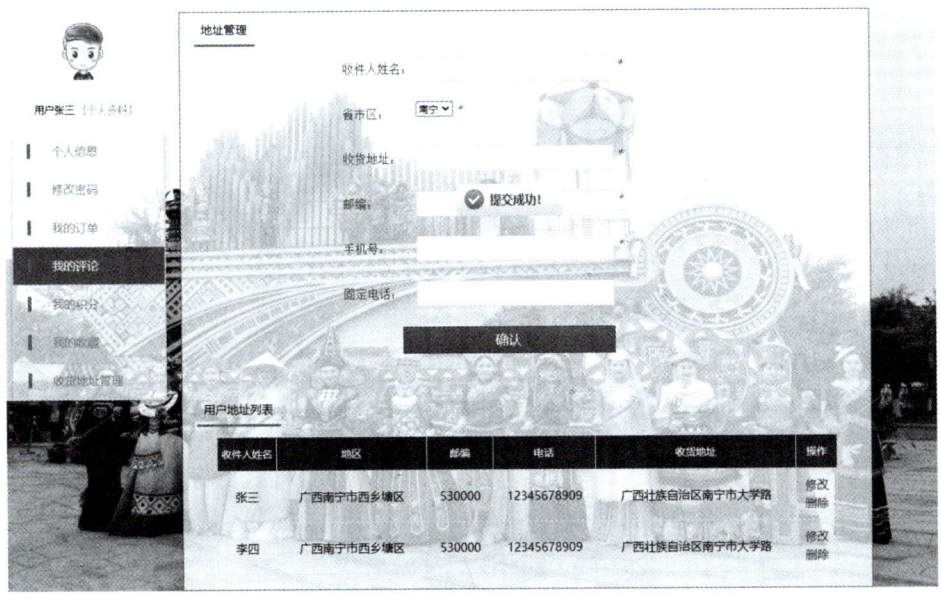

图 10-7　地址管理页面

参考文献

[1] 卢淑萍．JavaScript 与 jQuery 实战教程 [M]．2 版．北京：清华大学出版社，2019.

[2] 黑马程序员．JavaScript+jQuery 交互式 Web 前端开发 [M]．北京：人民邮电出版社，2020.

[3] 戴雯惠，李家兵．JavaScript+jQuery 开发实战 [M]．北京：人民邮电出版社，2019.

[4] 黑马程序员．JavaScript 前端开发案例教程 [M]．北京：人民邮电出版社，2018.

[5] 工业和信息化部教育与考试中心．Web 前端开发（初级）[M]．北京：电子工业出版社，2019.